LE TRÉSOR

DU CULTIVATEUR

LE TRÉSOR
DU CULTIVATEUR

EST

LA SCIENCE AGRICOLE

ET

L'ART D'ÉLEVER LES BESTIAUX

ESPÈCES :

CHEVALINE, BOVINE, OVINE ET PORCINE.

GUIDE PRATIQUE
DU LABOUREUR

EN FRANCE ET EN ALGÉRIE

Par F.

Membre de diverses Sociétés d'Agriculture et Arts en France,
depuis 1844 ;

Membre de la Société Nationale d'Agriculture d'Alger.

ALGER

(MAISON BASTIDE, FONDÉE EN 1833)

TYPOGRAPHIE A. JOURDAN.

1872

PRÉFACE

Dans l'exposé de cet ouvrage, nous offrons au public et aux cultivateurs en particulier, le fruit d'une longue expérience, théorique et surtout pratique, dans l'intérêt de l'agriculture, la première, la plus noble et la plus utile profession que l'homme puisse exercer sur la terre.

Espérons que les faits relatés dans ce mémoire, exposés avec netteté, précision et surtout avec une grande simplicité, mériteront la réflexion des esprits les plus prévenus et les plus récalcitrants aux améliorations de l'agriculture, et que de cet examen, il résultera, sinon une approbation unanime, mais au moins de nombreux encouragements pour la publicité de ce volume.

Nous rencontrant au centre de cette agitation

pacifique et progressive, des prévisions, des idées, des systèmes qui s'entrechoquent, une bonne organisation et le développement de la fortune publique apparaissent comme le but vers lequel doivent converger tous les esprits sérieux et soucieux de l'avenir de la France.

Il ne s'écoule pas un jour sans que des efforts nouveaux ne soient tentés, de nouvelles voies explorées ; l'activité est immense, nul ne reste stationnaire. Augmenter le bien-être matériel des masses est devenu un besoin général, pressant, auquel les hommes spéciaux semblent tous obéir.

Avec cette puissance d'activité des vastes travaux publics, l'industrie et le commerce sont arrivés à ce point qu'en admirant les résultats obtenus jusqu'à ce jour, on se demande si la France n'est pas à la hauteur des autres pays ?

La prospérité commerciale, industrielle, si rapidement acquise, si belle d'avenir, dont on est fier à juste titre, repose-t-elle sur des bases solides ?

Telles sont les questions que l'on est en droit de se poser !

Examinons si les sociétés, dans leur développement au moral comme au physique, ne sont pas aussi soumises à des lois immuables, qu'elles ne sauraient impunément violer et méconnaître, et qui sont d'autant plus importantes qu'elles naissent de besoins plus impérieux !

Jeté sur cette terre, l'homme succomberait s'il
n'avait moyen de se procurer la nourriture nécessaire, indispensable, ses aliments de chaque jour.
C'est donc un premier devoir d'une société or-
ganisée, de fournir des aliments à chacun de ses
membres.

Manger, telle est donc la première nécessité ; se
procurer des subsistances, telle est aussi la première obligation imposée à l'homme.

Etant exposé aux injures du temps, il ne pourrait vivre sous nos climats sans se couvrir ; *se
vêtir*, c'est donc encore une nécessité secondaire
à laquelle il ne saurait se soustraire.

Sans doute les produits spontanés du sol, l'élevage des bestiaux, des troupeaux, lui offrent
naturellement, sans grands efforts, le moyen de
satisfaire à ces deux lois primitives.

L'industrie et le commerce, seuls, ne pourraient satisfaire à l'existence de l'homme sur la
terre ; ce n'est pas avec des machines ingénieuses
à coudre, à carder le coton ou la soie, à tisser des
toiles ou des draps magnifiques, qu'on peut produire des aliments.

Avant l'industrie, le commerce et les industriels, il faut donc des agriculteurs.

On comprend que pour commencer à fabriquer,
un capital quelconque est nécessaire, afin de le
mettre en œuvre. Ce capital une fois trouvé,

l'industrie le décuple, le multiplie : mais où et comment pourra-t-on se le procurer?

Le sol, ou la terre, les troupeaux et la culture peuvent donner à l'homme intelligent ce capital générateur, nécessaire à la mise en mouvement d'une industrie quelconque. Outre sa subsistance, l'agriculteur a toujours un superflu, quelque mince qu'il soit; ce superflu devient entre ses mains une valeur libre, qui rend possible le commerce, l'industrie; ces principes sont incontestables.

Souvent on lui rend hommage, même en haut lieu, car du haut de la tribune, l'agriculture est proclamée le premier des arts, et si quelques économistes lui contestent d'alimenter seule la fortune publique, au moins la reconnaissent-ils comme marchant à l'égal de l'industrie.

L'éloge ne va pas au-delà de ces paroles : ce premier des arts est généralement abandonné aux classes inférieures, aux déshérités de la fortune.

Il serait difficile de démontrer que ceux qui ont fait beaucoup de bien à la fortune publique, en ont souvent fait à leur situation privée.

Par suite, n'est-il pas trop souvent prouvé que ceux qui s'adonnent à des innovations dans la culture d'un domaine, à l'exploitation d'une terre, sans être très-réservés, s'y ruinent complètement; ces malheurs, trop souvent répétés en France, ont amené les propriétaires à délaisser à des fermiers le soin de leurs terres, pour prendre une position parmi les agents de l'Etat.

On peut se demander quelle est la cause de cet abandon de l'agriculture qui fait que chacun, tout en la proclamant bonne et utile, se refuse à la pratiquer.

Un simple examen de la situation fera ressortir le motif ou les causes de cette infériorité.

L'industrie, le commerce récompensent le plus souvent largement l'homme qui y consacre son intelligente jeunesse et son activité : En effet, ne voit-on pas souvent de simples ouvriers arriver à de hautes positions sociales. Presque toujours l'agriculteur pauvre à son début restera ce qu'il est ou n'acquerra qu'une fortune à peine suffisante pour élever sa famille et se mettre à l'abri du besoin sur ses vieux jours, qu'il doit se résigner à passer dans l'isolement et dans l'oubli.

De quoi faut-il se plaindre, du travailleur ou des lois qui régissent l'agriculture ? Quelle place tient l'agriculture dans l'administration du pays ? Quel encouragement lui donne-t-on ; puis enfin quelles distinction ou considération peuvent obtenir ceux qui s'y adonnent ?

A quelque profession, à quelqu'étude qu'un jeune élève se livre ; qu'il se destine aux sciences ou aux arts, il trouve des cours publics et souvent gratuits professés par les hommes les plus éminents du siècle ; l'agriculture seule est sans école ; cette science comme toutes les autres a cependant besoin de cours et d'explications.

A côté du gouvernement central, point de représentant spécial ; dans les départements, pas d'agents ; dans les travaux publics, point de part.

En législation, de vieilles lois tombées en désuétude et qu'il répugne aux magistrats de consulter, qui se combattent et qui le plus souvent se contredisent dans leurs bases fondamentales.

D'où il faut conclure que ce n'est qu'après avoir traversé des phases diverses, mais souvent scandaleuses que les plaideurs, par tempérament, obtiennent des jugements.

N'en est-il pas toujours ainsi en ce qui concerne les mitoyennetés, les cours d'eau, droits de passages ; etc., etc. La question se trouvant déplacée on ne cherche plus qu'à faire condamner son adversaire aux frais du procès en cause.

Comment remédier à ce fatal état de choses?

Par l'établissement des conseils de *prudhommes agricoles* dont nous donnons quelques aperçus à la fin de ce mémoire.

D'un autre côté, y a-t-il justice à grever le sol d'impôts de toutes espèces, directs, indirects, fonciers, centimes additionnels de toutes natures,

communaux, départementaux, droits d'enregis-
trements, de mutations, de successions et de conservation, sans compter ceux qui les suivent:
d'hypothèques, d'honoraires de notaires, d'avoués,
de greffiers, d'huissiers, etc., etc.

Il est matériellement impossible aux sociétés
d'agriculture, aux comices, quelque bien disposés qu'ils soient, de changer cet état de choses.
Toutes leurs réclamations échouent ; ils frappent
à la porte d'un sourd et réclament en vain l'attention de nos législateurs. Encouragements et
secours sont refusés, s'ils ne sont pas donnés avec
une parcimonie déplorable.

Au point où l'on est déjà parvenu, il faudra
bientôt être impuissant ou impropre à toutes fonctions publiques pour se faire cultivateur. En effet,
il est plus avantageux d'être percepteur, substitut,
avocat, avoué, médecin et notaire; en premier
lieu, isolement et misère et en second, avantage et
considération.

Le peu d'instruction répandue dans les campagnes est sans contredit un sérieux obstacle au
développement de notre agriculture.

L'agronome savant qui conseille par ses ou-
vrages une culture quelconque ou qui recommande
des procédés nouveaux à suivre, renferme ordinairement dans ses méthodes tous les terrains de
la France indistinctement et s'adresse aussi à des

intelligences inférieures. Qu'y a-t-il d'étonnant qu'il n'obtienne pas les résultats promis.

Ce n'est pas seulement de systèmes, de conseils et de théories que l'agriculture a besoin, mais c'est surtout de pratique.

Il est indispensable que les produits du sol récompensent ceux qui s'y dévouent.

En général on reconnaît que la masse des agriculteurs est ignorante.

Comment peut-on exiger qu'elle ait de l'instruction dans son art; nulle part on ne la donne.

Aux enfants, on leur apprend dans les écoles (quand ils les fréquentent), à lire, à écrire et les quatre premières règles du calcul; mais on se garde bien de leur démontrer, on leur laisse ignorer les premiers éléments de la science, de la profession qu'ils sont appelés à exercer toute leur vie.

Puisque la France doit tous ses admirables travaux publics à son corps d'ingénieurs, faites pour l'agriculture ce que vous avez fait pour créer ces gigantesques travaux de chemins de fer, ponts, routes et canaux et vous arriverez certainement aux mêmes résultats.

Il est très-désirable que l'on puisse enfin réussir à posséder un ministre d'agriculture qui puisse sonder profondément toutes ces plaies et y porter remède; mais pour cela il faut que la majorité de l'opinion publique s'y intéresse vivement.

Un régime de fer pèse sur l'agriculture ; cet étau l'étreint dans ses mâchoires, et dans cette situation on ne saurait espérer un avenir prospère ; si nous ne la dégageons, quelques efforts que l'on tente, elle restera impuissante.

On sait que l'industrie a eue, elle aussi, à son origine, des obstacles à vaincre et des entraves à briser ; si elle est parvenue à cet état riche et et prospère où nous la voyons, ce n'est qu'au moyen d'efforts opiniâtres. Que l'on agisse donc ainsi pour l'agriculture : où peut-on trouver une matière plus favorable ? N'avons-nous pas le sol sous la main.

On doit faire des vœux pour que les esprits ardents, à vues élevées, s'élancent hardiment dans cette profession si injustement et si longtemps délaissée, que nos illustres savants leur viennent en aide et daignent les faire participer à leurs merveilleuses découvertes. Aussitôt après, l'agriculture sortira de l'ornière embourbée où elle est retenue, deviendra une industrie profitable. Mais, tout agriculteur qui commencera, devra se tenir réservé et prudent.

Malgré que l'instruction agricole continuerait de ne pas être en principe donnée par l'État, ce n'est pas une raison pour rester inactif ; seulement, au milieu des impressions confuses et multiples que la presse agricole fait naître dans l'esprit du pays, un but net et défini reste à atteindre : Donner à l'agriculteur inexpérimenté, un plan de culture simple, sûr et toujours possible, tel est notre but, dans la publication de ce recueil.

Pour éclairer le lecteur nous avons été obligé de faire en quelque sorte de la chronologie, c'est-à-dire, de rappeler certaines dates auxquelles des progrès agricoles se sont accomplis tant en France qu'à l'étranger.

Les premiers chapitres sont consacrés à la situation de la classe agricole, à la considération dont cette partie si importante et intéressante de travailleurs est entourée et à celle qui lui est légitimement due et qui lui est inévitablement réservée, dans un avenir prochain.

L'État lui-même est entrainé à favoriser l'agriculture dans l'intérêt de la société comme dans celui du gouvernement : aussi est-ce avec une légitime satisfaction que l'on remarque les fonctionnaires les plus importants et les hommes les plus considérables se mettre à la tête des améliorations agricoles.

Le crédit qui est si prompt à accepter des émissions d'affaires industrielles ou de banques est le plus indifférent; mais bien qu'il soit un peu trop réservé, il n'en arrivera pas moins et à temps pour favoriser le développement de l'agriculture gênée.

quand il aura la certitude de profits et que les risques seront écartés.

Nous avons cru devoir faire suivre ce chapitre de la création des *fermes-modèles*; leurs statuts; l'amélioration du bétail et les écoles élémentaires d'agriculture, ainsi que l'amélioration des races d'animaux, leur hygiène, leurs maladies, etc., etc.

La dernière partie est formée des prairies naturelles et artificielles des plantes fourragères et des plantes légumineuses, etc.

Si nous ne sommes pas digne de toute l'admiration de nos lecteurs, nous espérons néanmoins être apprécié des cultivateurs, pour lesquels nous ferons toujours tous nos efforts pour mériter leur approbation.

LE TRÉSOR
DU CULTIVATEUR

PREMIÈRE PARTIE.

SCIENCE AGRICOLE

Ce que doit savoir un cultivateur.

On dit qu'il faut une aptitude toute spéciale pour se livrer avec succès à la pratique d'une industrie quelconque ; ne peut-on pas avancer aussi, avec non moins de raison, que celui qui veut consacrer sa vie à la culture, à l'amélioration du sol et au bien-être de tous les membres de la so-

ciété, doit, sans exagération, être bon et bienveillant pour tous, qu'il doit y être entraîné par une
double vocation, car ce premier des arts, dont
chacun se plait à reconnaître l'importance vitale,
ne rapporte communément ni honneur ni profit.
La vie de l'agriculteur s'écoule paisiblement dans
l'ombre ; presque complètement étranger aux évé-
nements politiques qui peuvent lui donner ou lui
ravir l'indépendance et la paix; privé des jouissances artistiques que le séjour des villes procure
aujourd'hui à ses plus obscurs habitants, cette vie
si rude et si laborieuse s'éteint quelquefois avant
l'âge, faute d'avoir à sa disposition les secours qui
pourraient la prolonger.

Cependant, bien des millions d'hommes culti-
vent la terre en France ! Tous le font-ils par at-
traction? Non, sans doute, le plus grand nombre
s'y soumet par nécessité, sans discernement, sans
volonté, avec l'indifférence de la résignation, et
s'engourdit dans cette passive inertie morale, qui
caractérise tous les êtres frappés de la maladie de
langueur.

L'agriculteur ne trouvant dans sa profession ni
ce qui procure le bien-être, ni ce qui frappe
l'amour-propre, se décourage et perd le sentiment
émulatif de son art; aussi le voit-on presque
toujours portant ses vues vers un autre horizon,
s'imposer de rudes sacrifices, laisser ses travaux

en souffrance pour placer ses filles au couvent,
faire au moins d'un de ses fils un prêtre, un avocat, un médecin, un officier ou un employé d'une
administration quelconque, ou enfin un négociant
ou marchand, considérant ces positions comme
plus honorables, même que la science agricole!
Cette injuste dépréciation de l'art le plus émi-
nemment utile est une cause de sa décadence suc-
cessive, ou tout au moins de son état stationnaire ;
il importe donc d'y porter remède, et nous pen-
sons qu'il faudrait pour cela faire un peu pour
l'agriculture ce qu'ont fait les guerriers pour
leurs armées : toujours ivres de gloire, ils savaient exalter leur courage, ils les faisaient fortes
de confiance en elles-mêmes ; de chaque soldat,
ils savaient au besoin faire un héros.

Cependant quelle différence entre les deux com-
paraisons, s'il était possible de les mettre en pa-
rallèle : d'un côté, la destruction, la misère ou la
mort, et de l'autre le bien-être, la liberté et le
bonheur.

D'autre part, quelle est la profession plus noble,
plus glorieuse, plus utile, que l'état agricole.

C'est par l'agriculture que nous vivons tous.

N'est-ce pas cette mère nourricière qui nous
fournit le pain, le vin, la viande, les légumes,
les vêtements, les chaussures, etc. ? Quelle reconnaissance ne lui devons-nous pas alors?

On a bien tenté quelques efforts, il faut en convenir, pour stimuler les agriculteurs, mais on l'a fait d'une manière faible et mesquine; ils ont été mal combinés et encore plus mal compris, car il est certain qu'ils ont amené de pauvres résultats. Le cas est assez grave cependant pour faire renoncer aux demi-mesures, qui d'ailleurs n'annoncent jamais qu'une volonté hésitante et peu ferme.

C'est de la situation de ce doute, généralement répandu, qui a fait que l'on a si peu donné d'extension et de suite aux expériences, et s'il se trouve de temps à autre quelques cultivateurs qui consentent à faire des essais, ils les font presque toujours mal, soit parce que l'appréciation nécessaire des climats exige des connaissances plus étendues que n'en possèdent ordinairement les cultivateurs, soit que, par lésinerie ou par timidité, ils ne remplissent pas les indications prescrites pour le succès de leur entreprise. Or, nous savons tous quel est le résultat ordinaire des expériences manquées; non-seulement elles découragent habituellement celui qui les tente, mais encore elles inspirent une défiance assez concevable à ceux qui se trouveraient à l'imiter, elles n'aboutissent, en définitive, qu'à déconsidérer la science.

Disons-le hautement, la difficulté ne vient pas uniquement des agriculteurs, elle existe encore dans l'ensemble des situations faites, comme dans celui de nos institutions et des préjugés qui les suivent, qui ne leur permet pas de prendre, dans la hiérarchie sociale, le rang élevé qui leur appartient.

C'est en vain qu'on objectera que des hommes haut placés se livrent aux exploitations rurales ; nous répondrons à ces observations, très-vraies, d'ailleurs, que ces exceptions sont trop rares et qu'elles prouvent seulement qu'il n'est aucune condition où les penchants innés ne se manifestent lorsqu'ils cessent d'être comprimés et qu'ils peuvent prendre un libre essor.

Prenons pour exemple la Grande-Bretagne, pays de liberté par excellence, où les lords les plus illustres et les plus importants prennent une part immense à l'amélioration de l'agriculture.

La situation actuelle de la civilisation exigerait que la moitié, au moins, de la population française, se conformât fatalement, sans espoir de dédommagement, au hasard qui la condamne à cultiver la terre. Non, cela n'est pas éternellement possible ; il faut une compensation à l'homme civilisé lui-même, lorsqu'il fait le sacrifice volontaire ou forcé de ses attractions, et cette compensation que lui refuse notre époque, en considération, il ne la trouvera que dans le bien-être, qui comprend non-seulement le confort de la vie matérielle, mais encore la haute estime, l'amour-propre flatté et l'ambition satisfaite.

Pour arriver à cet ordre de choses, il y a encore de grands obstacles à vaincre et de grandes difficultés à surmonter, sans doute ; mais au point où déjà nous sommes parvenus, on pourrait presque dire qu'il y aurait faiblesse ou lâcheté à les considérer comme insurmontables.

En effet, que voyons-nous autour de nous, d'un côté les hommes les plus éminents du siècle, en France (Algérie comprise), en Angleterre, en Allemagne, en Belgique, aux Etats-Unis et jusqu'au Brésil même, s'occuper avec une persévérante ardeur des moyens d'arriver à une combinaison sociale qui permette à chaque individu de développer librement les aptitudes diverses que la nature lui a données pour se procurer le bien-être.

D'un autre côté, la science nous offre le concours de ses lumières pour préparer cet état le plus désirable possible, parce qu'il est le plus normal à l'homme. Rappelons-nous les services rendus à notre cause, l'*agriculture*, par nos illustres savants modernes, ces chimistes distingués, les Thénard, les Dumas, les Pasteur et les Liebig.

Nous avons été à même d'admirer de près les travaux et les recherches faites dans l'intérêt de l'agriculture par ces hommes, qui lui sont dévoués,

et nous avons été surpris des résultats qu'ils ont
obtenus et admirons leur abnégation.

Les terrains secs ont été irrigués ; au-dessous,
ceux aquatiques drainés comme les prairies grasses
ou humides, et les produits étaient déjà transfor-
més et abondants dès la première année.

D'un autre côté, les graines qu'ils ont importées
pour semences de l'Amérique des Indes et de
l'Angleterre se sont acclimatées promptement et
ont donné un rendement inattendu.

Des arbres fruitiers de toutes espèces à hautes
et basses tiges, se sont aussi généralement familiarisé avec notre climat et notre température ;
après quelques années ils ont fourni des fruits
délicieux en grande quantité.

C'est donc à nous de profiter de ces immenses
ressources ; c'est encore à nous qu'il appartient,
et nul ne saurait se refuser de les utiliser, sans se
rendre ennemi de soi-même ; car ceux qui ne
seraient pas encore entraînés, par cet attrait si
puissant, que donne la pensée de contribuer au
bonheur de ses concitoyens, y seront inévitablement amenés par le désir d'augmenter leur fortune.

Les droits de la classe agricole à l'estime publique sont des plus incontestables ; c'est elle qui
succombe à la peine pour nourrir les autres, c'est
elle qui donne au pays, le plus grand nombre de
ses défenseurs, et qui du sang de ses enfants, en

retire le moins de fruits ; c'est elle encore, qui fournit au commerce l'exploitation la plus lucrative et la plus facile. Certainement tous ses titres sont imprescriptibles et fort recommandables, de sorte que personne ne cherche à en contester la valeur, tant qu'il ne s'agit que d'un assentiment tacite, verbal, hommage gratuit, formule banale et obligée, mais qui n'engage à rien, ne coûte pas grand chose et ne charge pas beaucoup le budget français, car l'on a vu, jusqu'alors, sacrifier des sommes pour ainsi dire insignifiantes, et l'on a été jusqu'à présent en droit de dire que c'était assez pour l'usage qui en a été fait quelquefois.

Comment ! le budget de l'agriculture devrait être doté avec prodigalité, puisque c'est cet art le plus indispensable et sans lequel les autres tomberaient tous d'inanition ? Ce fait est rigoureusement vrai.

Marchander à l'agriculture les encouragements, c'est pénible à voir, car si les résultats des tentatives faites réussissent, les sommes rentrent immédiatement dans les caisses de l'État.

Est-il probable que les agriculteurs resteront dans cet état passif, livrés à leur propre industrie, la seule entre toutes, qui soit abandonnée à elle-même ? Certainement, tant qu'ils ne se montreront pas désireux de franchir les limites imposées par la routine, tant qu'ils confirmeront par leur conduite, le préjugé injuste qui fait croire aux hommes que l'ignorance doit être leur partage; qu'ils se hâtent donc d'attirer sur eux une attention plus sérieuse en s'initiant aux éléments de la science, qui, seule, donne à l'homme les notions de sa force, et l'élève à ses propres yeux, devant Dieu, qui a fait les hommes égaux.

Cette réhabilitation qu'il ne dépend pas absolument d'eux seuls, ils peuvent néanmoins la provoquer en ajoutant à leurs droits acquis, ceux que donne la connaissance raisonnée et approfondie de leur art.

C'est donc à la science que les cultivateurs doivent avoir recours. Envisagée sous un autre point de vue, non moins important, l'étude procurera encore aux agriculteurs des moyens de suppléer l'expérience qui ne s'acquiert qu'avec la vieillesse, comme cette dernière n'a plus le temps de jouir du fruit du travail et des fatigues de l'âge viril. Les données seules de l'expérience sont toujours empiriques, et les variations climatériques les rendent peu susceptibles de transmission, puisque après un certain laps de temps, il faut recommencer les épreuves, reconstituer lentement un système approprié au changement survenu dans un terrain; tandis que des connaissances convenables peuvent indiquer au laboureur intelligent les modifications qu'il doit apporter dans la culture et les amendements du sol, qu'il veut rendre productif.

L'étude empirique d'une localité pendant le court espace compris entre deux générations, ne peut suffire au cultivateur judicieux ; il doit vouloir, prévoyant l'instabilité des choses, partout et en toutes circonstances, trouver en lui-même, les moyens de tirer le parti le plus avantageux du sol qui sera mis à sa disposition, ne fut-ce que pour une année, et rendre impossible pour lui, la position de ce fermier anglais, qui avouait avec franchise, que s'il était obligé de cultiver un autre terrain que celui qu'il avait exploité jusqu'alors, il se verrait aussi embarrassé que s'il n'avait jamais tenu les cornes de la charrue.

La supériorité des cultivateurs anglais, ne vient pas seulement de la quantité de capitaux employés à l'agriculture, elle ressort également et plus particulièrement encore de la persévérance dans les essais, du degré de perfection des instruments dont ils se servent, et surtout des connaissances théoriques que possèdent ceux qui dirigent les travaux.

En France, non-seulement ces connaissances n'existent pas ou sont fort rares ; mais il suffit souvent à un cultivateur d'avoir essayé une fois, un instrument nouveau, pour le rejeter avec dédain comme défectueux, parce qu'il n'en a pas

obtenu le résultat qu'il en attendait ; sans considérer que l'habitude seule peut lui apprendre le
meilleur parti à en tirer, et sans réfléchir qu'il
se trouverait dans la même impuissance relativement à ceux que la routine à mis entre ses mains,
si un long exercice ne l'avait familiarisé avec leurs
usages.

La composition des engrais, leur application
raisonnée, l'amélioration des races d'animaux
domestiques, par exemple, sont autant de questions importantes pour lesquelles nos cultivateurs
se montrent très-insoucieux, parce qu'ils ne possèdent pas les éléments de la science qui conduit à
la solution ; quelques-uns même les refusent
comme un surcroit de travail aussi ennuyeux
qu'inutile. C'est pour faire cesser cette déplorable
incurie, et éclairer les cultivateurs sur leurs propres intérêts, que des cours théoriques d'agriculture ont été ouverts dans quelques villes de France ; mais souvent trop éloignés des ouvriers des
champs ; c'est dans le but de leur démontrer que
la profession à laquelle ils se sont voués est maintenant devenue une science fondée sur des principes solides et vrais, ainsi que l'attestent d'une
manière incontestable les travaux des intituts
agricoles. Malheureusement les établissements de
ce genre, sont trop peu communs pour que leur

enseignement puisse se répandre au loin avec ensemble, et nous ne pouvons, nous, que multiplier les témoignages de nos vœux sincères pour hâter le moment où les écoles d'agriculture se propageront en France. En attendant, unissons nos efforts pour mettre à profit les étincelles de lumières qui rayonnent de ces grands foyers, jusqu'à nous, et cherchons au moins à en réunir un faisceau assez lumineux, pour nous indiquer en passant la route qui conduit au progrès.

Il n'est plus permis à l'agriculture de rester étrangère au mouvement qui s'opère, même dans les régions les plus élevées de l'économie politique, aujourd'hui que ces questions tendent à se transformer en question sociale. A mesure que s'éclaire le bon sens des peuples, les discussions de personnes s'écartent pour laisser le champ libre aux intérêts réels des populations; les hommes, les systèmes, ne sont plus et ne peuvent plus être que les moyens et non le but; celui-ci doit être le bien général des masses, tout le reste n'est que forme, forme variable ou transitoire pour nous *paysans*, c'est-à-dire: homme du pays, du *sol*, telle doit être évidemment notre règle; loin de nous toutes autres préoccupations, le temps est passé d'être dupe. Il est une voie de discussion et d'étude vers laquelle se dirigent aujourd'hui les esprits d'élite, c'est l'examen consciencieux des faits, c'est la recherche des besoins des nations.

L'extinction du paupérisme, le développement industriel, l'organisation du travail, la juste répartition des profits; telles sont les questions dont la solution absorbe l'activité des plus hautes intelligences et fonde une économie politique nouvelle.

Les *Études de la Démocratie en Amérique* de M. de Tocqueville, le livre sur l'*Irlande* par M. de Baumont, les essais de MM. Buret, Villeneuve-Bargemont, de Renneville, sur l'amélioration du sort des classes pauvres agricoles ou manufacturières; les prévisions de M. Pecqueur, sur l'avenir de l'humanité, les intérêts du commerce et de l'agriculture; toutes ces œuvres témoignent de la même pensée, le bien-être réel des peuples; toutes ces œuvres, nous devons le rappeler ici, quoiqu'elles ne soient pas spécialement agricoles; mais c'est qu'au sein des masses pauvres et souffrantes dont elles sondent les plaies; c'est que dans les industries dont elles étudient les ressorts et les exigences, l'agriculture a les représentants les plus nombreux; les intérêts les plus étendus, c'est enfin que l'agriculture seule offrira peut-être bientôt la solution de toutes ces questions.

Le Président du *Cours d'économie politique*, dans

son discours d'ouverture au collège de France, ne l'avait-il pas fait pressentir, quand énumérant dernièrement les conséquences désastreuses du système manufacturier, il disait : qu'il était dans la destinée de l'agriculture de les réparer ?

<hr>

Ce que l'Etat doit à l'Agriculture

L'Etat est depuis une vingtaine d'années plus favorable et plus bienveillant pour l'agriculture ; mais quand on regarde au fond des choses, que l'on se rend compte de l'énorme augmentation des valeurs et des richesses qu'un simple perfectionnement, que la moindre amélioration dans les produits agricoles doit donner au pays, par ce qu'elle doit s'exercer sur la généralité du sol cultivé ; alors on ne peut concevoir comment les économistes, les législateurs et les gouvernants aient pu négliger ainsi ce principal élément de la richesse nationale, comment ils ont pu ne pas s'empresser de prêter leur concours à une immense amélioration de l'agriculture, *qui est l'avenir*. **De** seconder, développer et de réaliser cet accroissement de productions de valeurs que l'agriculture peut faire sortir du sol, pour le plus grand bien-être des peuples et la prospérité de l'État.

Cet état de chose ne peut durer et nous avons **vu** avec satisfaction l'opinion publique, quoique très-tourmentée en ce moment, se préoccuper vivement de la question agricole. Presque tous les administrateurs se prononcent dans ce sens, on désire donc voir les institutions agronomiques se multiplier, enfin les agriculteurs de la France se réunir pour se concerter et présenter les justes demandes de l'agriculture au pays.

L'État ne doit-il pas à l'agriculture, à la grande masse des travailleurs des champs, ce qu'il donne à grands frais aux sciences, aux arts, à la littéra- et aux manufactures : des écoles d'agriculture, l'enseignement agronomique le plus étendu. Il serait désirable que cet enseignement fût mis d'abord à la portée des écoles primaires, qu'il soit donné dans les villes et dans les campagnes par les instituteurs de ces premiers degrés et démontré dans les écoles primaires par les instituteurs, professeurs, etc., puis développé dans les écoles secondaires et les collèges d'une manière plus générale et plus scientifique, puis enfin complètement perfectionné dans les fermes-modèles et les grands instituts agricoles de l'État où la théorie se mêlerait à la pratique, la science à l'expérience, pour y former des professeurs et des grands agriculteurs chargés de donner le haut enseignement et la direction suprême des arts agricoles.

Car dans vos écoles, vos collèges, dans tout votre système d'éducation, vous mettez en position les jeunes gens de choisir un état, une carrière, de devenir littérateurs, avocats, médecins, ingénieurs, manufacturiers, soldats, vous n'en mettez pas un à même de choisir, en connaissance de cause, l'agriculture comme une occupation, comme une profession, comme un but des études de sa vie. Elle en vaut bien la peine cependant, cette agriculture que vous laissez comme un pis-aller à ceux qui n'ont pu réussir dans les autres carrières; le Gouvernement se plaint à bon droit de l'encombrement des autres professions, des dangers que présentent cette foule de jeunes gens sortis, par leur éducation, de la classe où ils sont nés, de cette ardeur à la curée des places et des emplois, qui est le caractère saillant de notre époque. L'agriculture seule, mieux connue, mieux appréciée, protégée et enseignée comme elle devrait l'être, peut et doit donner un vaste débouché, une carrière immense à tous ces jeunes gens qui ne trouvent pas à se caser, à se créer une position et une existence utile et occupée dans la société, telle qu'elle a été reconstruite depuis quatre-vingt ans.

C'est par l'agriculture seule que l'on peut efficacement arrêter les progrès effrayants du paupérisme, des enfants abandonnés, ainsi que des émigrations lointaines ; l'atelier agricole est seul assez vaste, assez fécond pour employer et nourrir les bras que l'augmentation des machines des grandes industries, que les crises politiques, commerciales et industrielles, laissent quelquefois chômer et inoccupés.

Question immense, que nous ne faisons qu'effleurer dans ce recueil restreint.

C'est avec le système que nous venons de tracer que l'Angleterre, l'Allemagne et la Hollande, en sont venues à ce haut point de prospérité agricole que tous nous devons leur envier, et qu'il serait si facile d'atteindre avec un peu de bonne volonté.

De l'institution du prêt à l'agriculture.

Une des plaies de notre système agricole, tout le monde le reconnaît, c'est le manque de capitaux et l'insuffisance du matériel d'exploitation; l'argent, qui est le nerf de la guerre, l'est encore plus de celui de la paix; il s'offre de lui-même aux industriels, aux spéculateurs, mais il est très-difficile à obtenir, pour ne pas dire impossible, à celui qui n'a que ses bras, sa science, son industrie de cultivateur. Si c'est lui-même, propriétaire foncier qui cultive, l'argent qu'il obtient sous le régime hypothécaire actuel, est grevé de si gros intérêts et frais, qu'il charge l'exploitant d'une dette que peut rarement amortir la plus-value des terres auxquelles il a été appliqué. Ce serait des capitaux d'exploitation, des moyens d'amélioration, des avances de matériel agricole, qu'il faudrait mettre, avec moins de dépenses, entre les mains des exploitants.

Il faut donc aux petits propriétaires cultivant

par eux-mêmes, des établissements de crédit agricole, des avances de fonds à bas intérêts et à longs
termes de remboursement. Aux cultivateurs sans
fortune, qui n'ont que leurs bras, il faudrait pouvoir mettre à leur disposition des cheptels donnés
avec des locations de fermes et des cultures, enfin
des baux à longs termes.

En effet, le système actuel de baux à courtes
échéances, semble avoir posé le problème aux colons temporaires pour exploiter, avec le moins de
frais possible, le sol qui leur a été confié pour trois,
six ou neuf années, à l'épuisement le plus complet
qu'il puisse obtenir dans ces délais de rigueur.

Qu'il soit donc donné aux colons temporaires,
par de longs baux, par de longues jouissances as-
surées, la certitude de profiter des avances, des
améliorations qu'ils auront faites aux terres par
eux affermées ; imposez-leur l'obligation de consommer toutes les pailles provenant de la ferme,
d'entretenir en tout temps un nombre déterminé de têtes de bétail de chaque espèce, avancez-
leur des cheptels, vous les forcerez à produire
beaucoup de grains, du fourrage et des engrais.
Vous les pousserez dans la véritable et seule
voie possible des progrès agricoles, vous les met-
trez à même et vous les forcerez, pour ainsi dire,
à une plus grande production, dont ils seront les
premiers à profiter.

Enfin, dirons-nous, encourageons l'agriculture par l'exemple. Oui, l'exemple est le meilleur encouragement et tout à la fois le premier enseignement à donner aux arts agricoles.

Tous les emplois sont encombrés, les sollicitations aux fonctions publiques forment un nombre effrayant de surnuméraires et de prétendants qui pourchassent les administrations ; toutes les industries se combattent et se nuisent par la concurrence et la surabondance des produits.

Que les hommes de mérite ou les jeunes gens ne craignent pas de se livrer à l'agriculture ; car c'est une grande et belle industrie qui profitera activement et fructueusement de leur travail et de leur dévouement ; car c'est une noble profession pleine d'avenir, ne relevant que d'elle-même, produisant et consommant à elle seule ses matières premières et ses produits, et les livrant naturellement ensuite, à toutes les autres industries.

Un dicton populaire, que l'on n'approfondit pas assez, fait grand tort aux classes aisées vers le retour à l'agriculture, et les empêche souvent de donner cet exemple que nous préconisons : *Le train mange le train*. Oui le mot est vrai, si l'on veut considérer seulement ceux qui entreprennent une exploitation en grand avec luxe, avec ostentation et qui veulent conserver les loisirs innoccupés des villes à côté des labeurs journaliers des campagnes; il est encore vrai, pour ceux qui, sans études préalables, sans système raisonné, sans connaissances pratiques de la science agronomique, se jettent dans l'agriculture pour tout changer de prime abord, mépriser et réformer violemment les usages du pays, faire des essais coûteux, multiplier les frais sous prétexte de progrès et de nouvelles méthodes.

Mais pour l'homme qui, sans vouloir s'astreindre à des labeurs journaliers inaccoutumés et trop pénibles, veut occuper sa vie, s'intéresser à quelque chose de moins vide que la littérature, la politique, les relations sociales actuelles; tirer parti de ses propriétés sans être à la merci d'un fermier ignorant ou de mauvaise foi; augmenter son aisance sans dépendre de personne, se créer en un mot une existence nouvelle et indépendante, pour celui-là, non, le train ne mange pas le train, et l'agriculture est une source d'aisance et de jouissances physiques et morales que l'on ne rencontre pas dans les réunions de sociétés du grand monde et dans les villes populeuses.

On cherche depuis longtemps un moyen de salut pour l'agriculture. La question est reconnue immense; elle occupe les esprits sérieux de toutes les classes, elle inquiète le gouvernement comme elle préoccupe le public réfléchi; elle n'a trouvé sa solution ni dans le conseil supérieur d'agriculture ni dans les conseils des ministres ; la raison en est simple : cette question est très-multiple ; elle touche à la fois, aux intérêts généraux et aux intérêts individuels. On ne peut la soumettre au corps législatif sans l'avoir étudiée sous toutes ses faces. Elle a échouée devant tous les pouvoirs qui se sont succédés, par ce qu'elle n'a pas été prise dans son principe, dans la racine, au cœur.

C'est le crédit agricole.

L'institution du *Crédit foncier* semblait devoir remplir le but si impérieusement réclamé par la situation, mais il s'est bientôt écarté en partie de son objet, pour tenter des affaires spéculatives étrangères à l'agriculture.

L'agriculture succombe sous le poids des hypothèques, elle est soumise au régime atonique et débilitant qui lui ronge la vie et la mine. On n'a pas encore compris que la valeur du sol peut être comparée à la valeur mobilière et présente au moins autant de garanties que les effets de commerce.

La banque de France, qui n'est à proprement parler que la banque commerciale de la capitale, n'a pas d'autre mission que de faciliter aux gros capitalistes, l'exploitation des commerçants qui n'ont pas d'importance assez connue, pour obtenir des crédits directs à son comptoir.

Les propriétaires sont exclus de l'escompte a
défaut de lettre de change endossées par un prê-
teur accrédité ; d'où il suit, qu'avec une propriété
offrant des garanties supérieures, ils n'ont d'autres ressources que des emprunts hypothécaires,
à un taux plus élevé que le cours de l'argent et au
moyen de frais considérables ; en sorte que l'amélioration du sol, base des impôts ordinaires et ex-
traordinaires, est l'industrie qui rencontre le plus
d'obstacles à son développement dans l'ordre so-
cial.

Ici on vous présente l'objection banale de la
difficulté des expropriations pour les prêts fonciers,
et des lenteurs de procédure pour y parvenir, ce
qui prouve seulement que la propriété agricole est
dans une sorte d'interdit.

Examinons si cet ordre de choses est normal et
fatal. La propriété foncière est, en définitive, la
seule propriété réelle et inamovible ; elle n'a pas
la variabilité des effets publics et les chances perpétuelles et trop successives de leur discrédit.

Une banque de France agricole présenterait plus
de sûreté aux porteurs de ses billets, que les réser-
ves de la banque de France commerciale.

Si l'Etat, propriétaire du domaine public, se
mettait à la tête d'une banque territoriale, avec
toute la puissance de son influence, en prêtant
son crédit par une émission de billets ayant cours

comme ceux de la banque de France, elle donnerait à l'industrie agricole directement, les facilités que celle-ci accorde au commerce par une voie indirecte, et la propriété rentrerait dans le droit commun dont elle est exclue.

Au lieu d'une réserve en argent, ou en métaux, telle qu'elle existe à la banque de France au détriment de la circulation, le trésor multiplierait la représentation de la propriété dont le gage resterait à sa disposition. Cette mesure, en favorisant le développement de l'agriculture gênée et restreinte dans les conditions actuelles, deviendrait bientôt la solution des grandes difficultés qu'elle rencontre pour la reproduction des bestiaux nécessaires à la consommation et des problèmes que présente l'économie politique sous le rapport des douanes.

Le véritable élément qui manque encore à la France: c'est l'appropriation du crédit à l'agriculture. Cette origine ne peut venir que par la bonne volonté d'une administration bien entendue.

Quand elle voudra pénétrer dans le cœur de la question vitale de l'agriculture et embrasser toutes ses conséquences, elle arrivera à cette conviction que les intérêts les plus chers de la France se réunissent dans cette question fondamentale.

Banque agricole. L'insuffisance du capital appli-

qué à notre agriculture est un fait avéré, mais
les conséquences n'en sont pas encore appréciées,
généralement dans toute leur étendue.

Ce capital diminue sans cesse de deux manières.

Les fonds disponibles s'éloignent des campagnes
et se portent dans les grandes villes, particulièrement à Paris, et dans les centres des grands travaux du gouvernement.

Les impôts, les prix de fermage payés par les
habitants des campagnes, s'accroissent continuellement et se concentrent dans les villes.

Mais à côté de cette diminution réelle, absolue,
une diminution relative se fait encore sentir; la
puissance du capital s'est affaiblie comparative-
ment au prix de la main-d'œuvre; la même somme
d'argent ne commande plus autant de travail
qu'autrefois.

La position du cultivateur est donc devenue plus
difficile; le mal s'agrave, c'est un fait évident;
mais comment y remédier?

Les hommes qui connaissent la gravité de la
situation et les moyens d'en sortir répondent:
par l'établissement de banques agricoles.

Mais ce serait bien en vain que l'on donnerait
aux cultivateurs des facilités pour trouver de l'argent, si le taux de l'intérêt était plus élevé que
le taux des profits de l'agriculture en général.

Tout le monde sait, qu'un cultivateur qui présente des garanties de moralité ou de solvabilité trouve à emprunter au taux légal cinq pour cent, les sommes dont il a besoin.

Ainsi, on ne ferait rien de nouveau, si l'on se bornait à offrir aux cultivateurs, l'argent à cinq pour cent, car il est probable qu'un homme qui a des relations avec des particuliers possédant des capitaux, trouverait plus de facilité à emprunter d'eux que d'une banque entourée de formalités et de défiance.

Mais si l'on pouvait descendre de 1 pour 0/0, et réduire ainsi à 4 pour 0/0 le taux général des capitaux employés dans les entreprises agricoles, on doterait l'agriculture française, d'une prime de plus de deux cents millions par an.

Nous regrettons que l'étendue de cet ouvrage ne nous permette pas de suivre cette question dans tous ses développements, qui est d'une importance aussi majeure ; nous nous bornerons donc à dire que si l'on ne peut réduire le taux de l'emprunt agricole au dessous de 5 pour 0/0, il serait inutile de créer une banque publique. Car elle ne pourrait être fondée sans l'intervention du gouvernement.

Sans doute, l'établissement de banques agricoles aurait des résultats immenses, mais il ne faut pas oublier, non plus, que dans un pays où la centralisation indéfinie est encore considérée par l'État comme un principe absolu, il serait peut être

dangereux de publier sans réserve cette idée,
avant que les classes inférieures de la société, et
celle des cultivateurs en particulier, fussent per-
sonnellement représentés dans les Conseils où ces
hautes questions seront agitées.

***

De l'Enseignement agricole et des Fermes-modèles.

Quand on voit les progrès immenses que la théorie et la pratique de l'agriculture, ont faits en
Europe depuis cinquante ans, on se demande si le
temps n'est pas venu pour l'agriculture française
de prendre le rang élevé qui lui appartient.

L'enseignement agricole et les fermes-modèles

sont deux puissants moyens de propagande ; mais en avons-nous tiré tout le parti possible ? Leur avons-nous donné la direction la plus convenable ? Spécialement préoccupés de l'intérêt des riches cultivateurs et des grandes exploitations, il semble que nous ayons laissé dans l'oubli la grande majorité de la population rurale et ces milliers de petites cultures, qui couvrent notre territoire.

Nos voisins n'ont pas agi de la sorte : Ils ont en cette matière, préféré avec raison l'aisance du plus grand nombre au luxe de quelques-uns.

En Allemagne, on rencontre souvent de petites fermes-modèles, n'occupant pas d'immenses terrains ; là, tout peut servir d'exemple : la construction des bâtiments, la tenue des écuries, les jardins, le mode de labourage et des plantations. Les habitants de la localité dotée d'une de ces fermes, ne tardent pas à imiter tout ce qu'ils y voient faire et l'autorité locale secondée par le gouvernement, contribue à développer ce progrès.

Dans l'ancien duché de Nassau, la société d'agriculture fait imprimer chaque semaine le compte-rendu de ses travaux. Un exemplaire est envoyé au maire et à chaque professeur d'école des communes rurales. Les maires sont tenus de donner aux habitants lecture de ces comptes-rendus et de discuter avec eux les améliorations proposées, ainsi que les moyens d'en faire l'application.

Les professeurs des écoles les lisent également à leurs élèves. Dans ces assemblées, bien des observations pratiques sont mises au jour par de simples cultivateurs, car il se trouve parmi eux des hommes fort capables et très-éclairés, dans leur sphère.

Il n'y a pas une si petite commune, une seule, si obscure, si éloignée qu'elle puisse être du foyer du savoir, qui ne possède cinq à six de ces hommes là ; ce sont eux qui guident et décident les autres, et qui ont le privilège de donner les premiers leurs avis ; prudents, circonspects, ils n'accueillent qu'avec une judicieuse réserve les procédés agricoles que l'expérience n'a pas encore consacrés.

Une autre mesure aussi générale, et dont on a de même reconnu l'efficacité a été aussi adoptée depuis longtemps dans le grand duché de Hesse ; le gouvernement de ce pays, sur la proposition d'un de ses agronomes distingués, avait consenti à ce que quarante jeunes paysans de seize à vingt ans, choisis entre ceux qui montraient le plus d'intelligence, fussent envoyés à ses frais à Darmstadt, où l'on devait leur enseigner la construction des routes, l'arpentage, la levée des plans, le nivellement et surtout, ce qui était une des choses principales, la construction et l'irrigation des prairies. Les cours ne devait durer que trois mois, par année ; les résultats qu'ils produisirent furent encore bien plus satisfaisants qu'on ne l'aurait jamais osé espérer.

Ces quarante jeunes gens, après être rentrés chaque année dans leurs communes respectives, améliorèrent d'abord leurs propres prairies, puis, successivement celles des autres habitants ; ils furent en outre chargés de diriger les travaux d'irrigation, des constructions des routes communales et des déssèchements. C'est ainsi qu'ils sont devenus, pour leur village et pour leurs familles, de véritables bienfaiteurs ; depuis lors, on en a envoyé un nombre égal ; ceux qui pour des raisons particulières ne peuvent retourner, sont remplacés par de nouveaux candidats, afin que les mêmes progrès, s'accomplissent sur tous les points du pays. Voyant tout le bien qui résultait de cette institution, le gouvernement voulut qu'une somme assez importante, fut consacrée à l'amélioration des prairies situées dans les domaines de l'État ; au bout de deux ans, les revenus de ces prairies avaient augmentés d'au moins cinq cent mille francs.

Quand l'on considère le peu d'étendue du grand duché de Hesse, qui n'est que l'équivalent d'un de nos départements français, on est frappé de la plus-value qui en résulterait pour la France ; or, si l'on fesait pendant dix années, ce qui s'est fait dans ce duché, pour le répéter ensuite par intervalles fixées sur toute l'étendue du territoire français ; ce serait au moins 3,500 jeunes cultivateurs animés du désir du progrès, bien instruits, qui retourneraient chaque année, au sein de leur famille, pour diriger les travaux d'utilité publique ou privés. Nous n'hésitons pas à dire que l'avantage pratique d'un pareil procédé serait immense ; ces jeunes missionnaires, au lieu de s'étioler, dans des discours de non-sens ou des utopies calqués sur d'anciens modèles et qui revêtent la même forme, respecteraient dans une juste mesure, les usages de chaque localité, et féconderaient ce qu'il peut y avoir de bon, dans les procédés agricoles de nos diverses provinces, placées dans des conditions physiques différentes ?

Quant au mode d'exécution, on peut l'étudier, le débattre avant que de s'arrêter à un moyen. N'y aurait-il pas dans chaque département un membre de la Société d'agriculture, un agronome savant praticien ou un homme attaché au progrès de l'agriculture, qui se chargerait de la noble mission d'enseigner nos jeunes villageois.

Nous savons tous qu'il existe déjà en France, dans les écoles normales primaires, un cours de greffe et de taille des arbres, et l'on assure que cet enseignement, par l'extension qu'il a acquise dans plusieurs de ces établissements, a pris la forme d'un cours élémentaire d'agriculture.

Nous ne croyons pas utile de reproduire, ici, toutes les localités qui en sont pourvues, mais nous ferons des vœux pour qu'on les multiplie.

Admettons que les élèves-maîtres sachent greffer et tailler les arbres, mais l'enseigneront-ils à leur tour dans les écoles dont plus tard on leur confiera la direction ? Comment pourraient-ils le faire, puisque ces communes n'ont point de terrain d'expérience ni de pépinière, puisqu'elles ne possèdent quelquefois pas un seul arbre sur lequel on puisse pratiquer ?

Aucune suite n'étant donnée à cet enseignement, il est évident que le peu de notions que l'élève-maître a puisées dans les écoles, sont entièrement perdues pour le pays, et ne pénètrent pas au sein de nos campagnes. Est-ce une objection bien sérieuse et que l'on ne puisse détruire, que celle de dire : la commune n'a pas de terrain en propre, qu'elle ne pourrait l'acheter pour ces essais ? Non, car la majeure partie de nos communes possèdent des terrains communaux et quelquefois incultes, qui, par ce fait, ne rapportent rien ou presque rien, et le conseil supérieur d'agriculture a cherché les moyens d'en tirer parti. Ne serait-il pas possible de prendre sur un communal ou au moyen d'échange, pour avoir un terrain qui devrait être annexé à l'école communale. Ce terrain ne coûterait donc rien, ou presque rien et rapporterait, au contraire, puisqu'en le travaillant pour l'enseignement des élèves, on le rendrait productif.

Un pays que nous ne mettons en évidence qu'à regret, l'Allemagne, a des cours complets d'agriculture établis dans toutes les écoles normales primaires; ils se terminent par la description agricole que chaque élève-maître donne de la commune dans laquelle il est né ou de celle qu'il a habitée le plus longtemps.

Dans ce travail, il fait connaître la situation de la commune, la nature du sol, les améliorations dont il a été l'objet, les divers genres de culture appliqués, l'étendue proportionnelle de la terre de labour, des landes, des forêts, des pâturages et de la partie restée inculte; l'amélioration et l'éducation des animaux domestiques, l'étendue des plantes de commerce, les industries auxquelles se livrent les habitants dans l'intervalle des travaux agricoles, etc.

Les questions posées sont au nombre de plus de soixante; elles embrassent tous les intérêts de l'agriculture et constituent le plan du travail. Il en résulte que les renseignements sur chaque commune, distribués dans un cadre uniforme, sont faciles à consulter et composent ensemble un grand ouvrage, dont tous les chapitres se correspondent et se succèdent dans un ordre parfait.

Enseignement agronomique parmi la jeunesse des écoles.

Parmi les causes nombreuses de l'état, sinon rétrograde, du moins stationnaire de notre agriculture, il faut mettre au premier rang les répugnances qu'éprouvent presque sans exception les cultivateurs à s'instruire dans la science agricole, à apprendre comment il faut coordonner leurs travaux, comment les capitaux doivent être employés de la manière la plus profitable. Leur éloignement, en général, est invincible pour tout ce qui paraît nouveau ; c'est en vain qu'on leur enseigne un procédé utile, qui est adopté depuis des siècles dans les pays voisins, mais qu'ils n'ont jamais visités ; procédé, du reste, applicable de tout point et avec grand profit chez eux. Ils comprennent parfaitement, ils approuvent sincèrement, mais ils n'ont garde d'imiter : c'est une force d'inertie contre laquelle les démonstrations les plus évidentes, les plus pressantes exhortations viennent échouer. A cette disposition, que l'on pourrait dire presque universelle, il faut chercher les causes générales ; nous allons essayer d'indiquer l'une des principales.

On a conservé de tout temps l'empire que l'habitude exerce sur les idées et les actions des hommes ; des philosophes sont allé jusqu'à dire que *la vertu n'est que l'habitude des actions vertueuses*. Il n'est que trop bien reconnu par l'expérience de tous les temps, que si les mauvaises habitudes prises dans l'enfance sont suivies sans variations jusqu'à l'âge mûr, tout ce qui tend à contrarier cette seconde nature est fatiguant, importun et presque toujours repoussé avec répugnance. Cette remarque peut s'appliquer à toutes les actions ordinaires de la vie ; l'homme ne peut condamner ce qu'il a dit, ce qu'il a fait tous les jours, pendant une longue suite d'années ; l'habitude est une sorte de fatalité à laquelle il est entraîné irrésistiblement et souvent contre sa conviction.

C'est donc dès l'enfance qu'il faut lui inculquer les notions fondamentales d'agriculture, qui peut être sa profession future, lui enseigner les procédés qu'il devra employer, le persuader de leur utilité, exciter son attention, faire un appel à toutes ses jeunes facultés, et comme la plupart des enfants qui habitent les campagnes sont appelés à exercer un jour la profession de cultivateur ou d'aide cultivateur, l'enseignement de l'agriculture produira les résultats les plus féconds, même pour les jeunes gens de la classe plus aisée qui possèderont un jour des domaines! Cette instruction si profitable, quand elle est reçue à l'âge où l'on adopte avidement les conceptions qui paraissent belles et utiles, n'est jamais oubliée dans la vie et ne manque pas de porter ses fruits.

Il est regrettable que la France ne puisse avoir l'initiative pratique d'une pareille tentative, hâtons-nous, pressons-nous, pour que des instructions d'une forme simple et clairement exprimées, soient données et mises entre les mains des élèves, et expliquées, développées, placées à la portée de toutes les intelligences par les instituteurs ruraux.

Institution
de Fermes-écoles élémentaires d'agriculture

PROGRAMME :

Le but des Fermes-écoles est de former de bons maîtres ou valets de ferme, contremaîtres ruraux, d'habiles métayers, des régisseurs ou des fermiers intelligents. Elles doivent être, pour l'agriculture, ce que sont les établissements d'instruction primaire dans l'éducation publique.

Précédemment l'Etat a pensé que l'enseignement de ces écoles élémentaires ne pouvait offrir d'utilité réelle qu'à la condition expresse d'être essentiellement pratique, et c'est sur cette base qu'il a assis et développé toute son organisation de fermes-écoles, dont ce programme n'est que le rapide exposé.

Les apprentis-élèves prennent une part sérieuse et réelle à tous les travaux de l'exploitation, qu'ils exécutent ainsi que le feraient des ouvriers

recevant un salaire, et cela, pendant le temps
déterminé par le réglement.

Le nombre des apprentis est fixé par l'arrêté
constitutif de la ferme-école ; on tient compte
pour cette détermination de la surface et de la
nature de l'exploitation. Ainsi dans les régions à
cultures pastorales, on ne devra guère admettre
qu'un élève pour cinq à six hectares ; dans les
contrées où les céréales sont l'objet principal de
l'entreprise agricole, un domaine de deux cents
hectares pourrait recevoir soixante élèves, enfin
dans les pays de petite culture, une moindre surface pourrait employer relativement un plus grand
nombre d'apprentis.

Le but à atteindre est que ceux-ci ne soient jamais proportionnellement trop nombreux, et que,
par suite de ce défaut de relation, les élèves
manquent de travaux manuels, leur temps devant
nécessairement profiter le plus possible à l'exploitation, sans que cependant leur instruction en
souffre. Il est aussi fort désirable qu'il y ait assez
d'apprentis sur le domaine, pour qu'ils y soient
les seuls agents résidants de l'exploitation.

Les élèves ne doivent pas être admis avant
l'âge de seize ans, et leur séjour être de trois à
quatre ans.

Les fermes-écoles prenant leurs apprentis parmi
les travailleurs ruraux, il est indispensable que,

pendant toute la durée de l'enseignement professionnel, ils ne coûtent rien à leurs parents, et que,
de plus, ils obtiennent, à titre d'encouragement,
une sorte d'équivalent des gages qu'ils recevraient
s'ils travaillaient ailleurs. C'est à ces divers titres,
qu'outre le profit du travail attribué au directeur,
profit qui ne peut entièrement payer les dépenses
de nourriture, blanchissage, chauffage, éclairage,
etc., il est encore alloué par année à l'élève une
somme de cent soixante-quinze francs et que,
de plus, à cette somme, est ajoutée celle de soixante-
quinze francs, dont une partie, la moins importante, sert à couvrir les dépenses d'entretien du
trousseau, le reste entre dans la composition d'une
masse à répartir à la fin de chaque année par les
soins et sous la garantie du directeur, qui prend
pour base de cette répartition le zèle et la bonne
conduite des jeunes gens. Les primes qui résultent
du partage de cette masse, entre les élèves, ne
sont pas cependant immédiatement payées à ceux-
ci ; ils ne les reçoivent qu'après avoir complètement terminé leurs études ; s'ils se retiraient au-
paravant, ils perdraient tout droit à ce pécule.

Le personnel enseignant est organisé ainsi qu'il
suit :

Le directeur,
Un chef pratique,

Un surveillant comptable.

Un vétérinaire.

Le directeur dirige nécessairement l'exploitation de l'école.

Il ne reçoit en ce qui concerne la première, ni secours, ni subventions, et parmi les conditions qui lui sont imposées, à titre d'exploitant, les principales sont les suivantes :

1° Son exploitation doit offrir aux élèves le meilleur enseignement professionnel, et au pays le meilleur modèle à suivre.

2° Il doit obtenir, après le laps de temps jugé nécessaire pour qu'il soit en roulement normal, un produit net au moins égal à celui que fournissent les autres exploitations de la même région, les circonstances différentes étant prises en considération.

3° La comptabilité doit être tenue en partie double et constamment à jour; des moyens de contrôle et de surveillance, sont établis pour acquérir la certitude de l'exécution de cette prescription.

Quant à l'école, le directeur surveille et dirige toutes les parties de l'enseignement; il explique aux élèves les faits les plus importants de la pratique de l'administration rurale, en leur présentant dans des conférences, sous la forme la plus simple, des notions de théorie; il doit éviter soigneusement les idées spéculatives trop élevées, qui ne laisseraient dans la mémoire de ses auditeurs, que des mots sans valeur pour eux. Les jeunes gens recueillent ces explications par écrit, et le directeur corrige ces notes, qui plus tard seront pour l'élève, le meilleur guide.

Le chef de pratique aide le directeur dans la démonstration du manuel opératoire, et dirige les ateliers dans la campagne et dans les bâtiments ruraux.

Le surveillant-comptable enseigne aux élèves la pratique d'une bonne comptabilité aussi peu compliquée que possible; complète ce que leur instruction primaire peut avoir d'imparfait, particulièrement en ce qui touche l'arpentage, le cubage, les nivellements, etc. Il surveille les apprentis au dortoir, au réfectoire; etc.

Enfin les moyens d'enseignement sont complétés par l'adjonction aux autres agents de l'instruction, d'un vétérinaire qui n'est pas tenu de résider à l'école, mais qui vient traiter les animaux du domaine, et qui par l'explication des faits et la démonstration des opérations les plus simples, met les apprentis-élèves dans le cas de traiter les maladies de très-peu de gravité, et surtout de donner les premiers secours en attendant l'arrivée de l'homme de l'art; il indique aussi les principales précautions hygiéniques à prendre dans l'intérêt des animaux.

Le ministre nomme le directeur et, s'il y a lieu, un sous-directeur. Le directeur a dans ses attributions, la nomination et la révocation du surveillant-comptable, du chef de pratique ; il règle également ce qui concerne le jardin-pépinière, le service médical et le service vétérinaire.

Un jury désigné par le ministre, procède aux examens d'admission et de fin d'année, visite l'établissement et peut rédiger un rapport qu'il adresse au ministre.

Le programme des travaux est approuvé par le ministre, qui arrête aussi les réglements de discipline et détermine les matières sur lesquelles les examens doivent porter.

Le directeur publie chaque année un compte-rendu de l'exploitation de l'école, de ses succès, de ses revers.

Les traitements annuels sont fixés à :

> Le directeur . . . .
> Le chef de pratique . . . .
> Le surveillant-comptable . . . .
> Le vétérinaire . . . .

Telles sont les bases sur lesquelles les fermes-écoles sont organisées. Mais avant que le concours du gouvernement leur soit accordé, il est indis-

pensable que la marche de l'exploitation ait été
assurée ; c'est-à-dire qu'un domaine soit trouvé, que
le directeur en ait la disposition, et que les capitaux soient entre les mains de l'exploitant ; il faut
de plus, que les locaux destinés à recevoir les
élèves-apprentis et les bâtiments ruraux, soient
convenablement appropriés et meublés.

Le gouvernement qui se charge des traitements,
des indemnités ou pensions et des primes d'encouragement, n'entre en rien dans les dépenses
ci-dessus ; elles doivent être entièrement supportées
par les sociétés privées, ou par les localités. L'administration ne pourrait donc accueillir une
demande qui ne serait pas accompagnée des pièces
justifiant qu'il est suffisamment pourvu aux besoins de l'exploitation, aux frais de premier établissement, etc. La demande doit être transmise
par M. le préfet du département, qui l'accompagne
de son avis, et le ministre statue, après avoir fait
visiter les lieux par un des inspecteurs généraux
de l'agriculture.

Situation de l'Agriculture en France.

On peut dire que la France est une puissance essentiellement agricole et il est affligeant d'être obligé de reconnaître qu'on lui importe de l'étranger cinq cents millions de kilogr. de produits agricoles, et ce n'est pas une vaine déclamation que de prétendre que nous sommes dans une situation déplorable en agriculture par rapport à beaucoup des États voisins, que le gouvernement ne saurait assez promptement prendre les mesures les plus énergiques, pour faire cesser un état de choses qui menace le pays et le conduirait inévitablement et fatalement à sa déconsidération, ce que ne soupçonnent même pas ceux qui croient posséder les vrais principes et les saines traditions de l'économie politique.

Chez les peuples manufacturiers, le commerce extérieur est un but; chez un peuple agricole, il n'est qu'un moyen ; chez le premier peuple, tout se rapporte et doit être sacrifié au commerce, aux

manufactures ; chez le second, les industries ne
doivent être considérées que comme les annexes
de l'agriculture et réglementées exclusivement
dans l'intérêt de cette dernière : c'est le contraire
qui existe dans notre pays.

Nous terminerons par quelques citations, qui
résument, en général, cet article. La préoccupa-
tion économique qui, seule, a dominé tous nos
hommes d'État, paraît être l'intention très louable
d'assurer du travail aux ouvriers manufacturiers
et de chercher dans les bénéfices, ordinairement
plus élevés du commerce extérieur, à mieux rétri-
buer ce travail, de manière à soulager toutes les
souffrances, et à produire cette aisance générale
et cette mobilité des fortunes moyennes, qui sont
les plus favorables à la prospérité d'un pays.

L'invention des machines et le progrès de la civilisation à l'étranger ont détruit, de ce système,
tout ce qu'il y avait d'avantageux pour nous ;
l'augmentation de la production manufacturière
n'a plus profité qu'aux capitalistes et nullement
aux travailleurs ; la puissance des machines et
leurs perfectionnements ont produit des encombre-
ments, des crises qui avilissent le salaire du travail manuel par des alternatives perpétuelles de
chômage ou d'activité surnaturelle et toute matérielle, qui dégradent et démoralisent les travailleurs. D'un autre côté, les capitaux, favorisés par

cet état de choses, se sont concentrés dans les entreprises industrielles, et ont abandonné l'agriculture à la routine, à la misère et à la plus profonde ignorance !

Les terres mal cultivées se sont successivement épuisées ; la masse de consommateurs trop pauvres, ne leur demande que du pain ; la culture des céréales a pris une déplorable extension ; le prix des subsistances s'est élevé ; les malheureux, en restreignant leur consommation, agravent encore cet état de choses ; les salaires, au contraire, en s'élevant, paralysent le commerce intérieur et extérieur ; bref, on voit, sans être un profond observateur, que le vice radical de notre économie sociale, c'est la cherté des subsistances : le remède unique, c'est l'excitation rationnelle des progrès de l'agriculture.

Il n'y a que le travail des champs qui ne manquera jamais à personne, s'il est conduit avec intelligence ; lui seul permettra d'exercer largement la charité ; dans le cas où les travailleurs seraient forcément inactifs, le bas prix des subsistances assurerait néanmoins leur existence.

Faire connaitre leurs besoins avec certitude et donner à l'État le soin de les apprécier, le pouvoir et les moyens de les satisfaire, conformément à l'intérêt général, là, se bornent véritablement, non les prétentions hautaines, mais les humbles vœux de vingt millions de nos concitoyens **agri**-culteurs, qui ne trouvent l'aisance que dans l'absence des besoins, et le bonheur que dans l'habitude des privations.

La diffusion de l'instruction, l'établissement d'une éducation fortement morale et agricole, l'amélioration et l'augmentation des communications, surtout des voies navigables et des chemins de fer; l'abaissement et la modération de toutes les charges territoriales et autres impôts qui frappent le travailleur dans son nécessaire aussi bien que le riche dans son superflu, et sans proportion comme sans distinction de l'un ou de l'autre, etc., etc., ne sont plus que des vœux que font également tous les bons citoyens qui n'ont rien de particulier à l'agriculture, et pour la réalisation desquels il n'est pas douteux qu'un gouvernement sage et éclairé prendra les mesures les plus efficaces, si l'on est assez heureux pour démontrer toute la vérité et l'immense portée de cette maxime du grand Sully : *Tout fleurit dans un État où fleurit l'agriculture.*

DEUXIÈME PARTIE.

DES BESTIAUX

Amélioration du bétail.

Une société d'agriculture de France assez renommée disait dernièrement dans l'extrait d'une délibération de ses séances ordinaires.

« Aujourd'hui, sûrs de nos premiers efforts et assurés de l'avenir, nous pouvons dire en toute confiance qu'il y a progrès dans nos races d'animaux, tant espèces chevaline que bovine, car depuis peu d'années il est évident, pour tout homme impartial, qu'il y a progression en bien ; qui a vu notre dernier concours n'en conserve plus de doute. »

Elle est résolue à continuer son œuvre par tous les moyens dont elle pourra disposer, certaine dans ses résultats, si nous sommes secondés les uns, et écoutés des autres, dit-elle ? Les premiers, par leur éducation et par leur fortune, peuvent donner l'exemple d'essais dont les résultats avantageux sont assurés par la pratique, sans préjudice pour leur position sociale ; les seconds, égaux en intelligence, moins bien partagés en fortune, mais plus riches en force musculaire, richesse du cultivateur, pourront les imiter et par leur travail, amèneront chez eux une aisance qui donne la santé et le bonheur. Dieu, en créant l'homme, l'assujétit au travail, sans lequel la vie est un fardeau à supporter.

Cette société a jugé à propos qu'il fallait une plus grande publicité pour atteindre le but qu'elle se propose, en propageant, à l'infini, les moyens pratiqués sur l'agriculture en général et sur l'éducation de nos animaux domestiques, qui ont encore si besoin d'être régénérés ; elle s'est enrichie, par sa correspondance avec les autres sociétés agricoles avec lesquelles elle se trouve en rapport, et surtout chez nos voisins les peuples qui nous limitent, des différents modes qui conviendront à nos localités, soit pour former des animaux aptes au travail, soit pour ceux qui doivent servir de nourriture à l'homme.

Après avoir consulté les documents relatifs à l'agriculture des pays voisins et même d'outre-mer, il demeure évident qu'il n'y a pas plus d'un siècle que l'Angleterre n'avait point, ou presque point d'agriculture, et pour ainsi dire de bestiaux. Un homme obcur parut, Bakevel, simple fermier de la paroisse de Dishley, qui, seul, entreprit dans son pays, de créer des races d'animaux domestiques, qui n'eussent pas d'égales au monde. Insouciant de la beauté qui tient à la grâce et à la proportion des formes, il eut uniquement en vue cette beauté purement relative, qui n'est dans un animal que sa conformation la plus parfaite pour l'usage auquel on le destine. Ainsi, dans les bœufs réservés pour la boucherie, il voulut que les parties charnues, qui constituent les morceaux de choix, se développassent avec un énorme volume au préjudice des parties basses, dites rebuts.

Après quinze années d'essais, il put montrer une race nombreuse de bœufs, dont la tête et les os étaient réduits aux plus petites dimensions ; les jambes courtes, la panse étroite, la peau souple et fine, tandis que la poitrine était vaste ; l'intervalle qui sépare les hanches largement développé, et la masse musculaire, si considérable, qu'elle formait à elle seule, plus de la moitié du poids total de l'animal.

Jugeant que les cornes étaient inutiles et parfois même dangereuses, il créa des espèces qui étaient presque complètement privées de cornes.

C'est encore à lui, que l'Angleterre, doit cette belle race de gros chevaux, qui font le service du roulage à Londres, colosses dont on ne peut se faire une idée.

La réforme des bêtes à laine (espèce ovine) fut sans contredit, la plus difficile de ses entreprises et le plus beau de ses triomphes ; lui seul est parvenu à obtenir de cette belle race de moutons de Dishley la réunion de deux qualités, que certains agronomes regardent encore comme incompatibles, la finesse de la laine, et le développement de la partie charnue ; la graisse concentrée dans ces parties s'y amasse sous forme de pelote serrée, et communique à la viande une saveur très-remarquable.

Du reste, le procédé suivi par Bakevel dans ses expériences, consistait dans l'emploi simultané de deux moyens ; l'accouplement d'animaux de choix dans la génération, et, plus tard un régime convenable sans art, purement empirique, était devenu un système entre ses mains et il l'avait réduit en principe.

« Vantez-nous maintenant, s'écrie un Anglais,

ies Michel-Ange, et tous ces statuaires, qui façonnent la pierre et le bronze ! N'est-ce pas aussi un grand statuaire ce Bakevel, qui sculpte la vie, qui manie, non pas comme eux, la matière morte, inerte, sans réaction, ni résistance, mais les membres animés qu'il faut tailler dans le vif, qu'il faut modeler jusque dans le sang, dans les nerfs, dans le mouvement et *la volonté.* »

Ce qui se passe chez les animaux se reproduit complètement dans les plantes (voyez l'artichaut et l'asperge) par la culture : une plante acide devient douce, d'une forme naine, vous en faites une plante gigantesque. Qui ne connaît combien la culture a varié la pomme de terre, consultez le jardinier, il vous dira que c'est en ménageant les engrais, ou mieux la nourriture, en la donnant avec abondance, ou la modifiant selon le besoin et le but, qu'il parvient à changer les parties du végétal.

Donc les plantes, les animaux, comme l'homme, sont soumis aux mêmes lois ; on peut à volonté augmenter la force musculaire ou diminuer son embonpoint, ou développer un seul organe ; l'Angleterre nous en fournit depuis longtemps des exemples dans ses boxeurs, ses coureurs et ses jokeys.

Voilà donc l'influence de l'alimentation et du régime sur tous les êtres vivants, démontrée par des expériences nombreuses et irrécusables, ce qui sera pour nous un vaste sujet d'enquête dont nous cherchons à doter notre pays.

Mais, là, ne s'arrête pas notre tâche, car on sait qu'une alimentation vicieuse ou incomplète amène des altérations profondes dans l'organisme, ce qui nous donne ces animaux petits, maigres, rachitiques comme nous en posssédons partout encore.

Nous savons aujourd'hui que les animaux ne créent pas les matières organiques, mais qu'ils trouvent dans les subtances alimentaires tous les éléments nécessaires à la conservation et au développement de leurs organes et qu'ils ne font que se les assimiler.

Il n'y a pas d'exagération à dire, aujourd'hui, [illegible] de mouler le corps à volonté, [illegible] mascles chez ceux qui les ont [illegible] faire d'amincer le sang là où il y avait exhubérance lymphatique et, par suite, rendre à la force vitale son énergie et sa liberté, est trouvée. Tel est la série de faits que nous essayons de démontrer dans nos articles précédents, et nous tâcherons aussi de prouver que, par le régime seul, l'homme peut, par une volonté ferme et bien entendue, modifier à l'infini tous les êtres.

Mais ne nous faisons pas d'illusions, il faut une infatigable persévérance, car, sans cette condition, il n'est pas de bons résultats possibles. La persévérance, il est vrai, est peu compatible avec notre caractère français ; mais les succès obtenus par nos voisins d'Angleterre, uniquement dus à cette faculté, doivent être pour nous un motif puissant d'émulation.

Il faut bien se persuader que l'agriculture est une science à peine sortie de l'enfance, qu'il nous reste beaucoup à apprendre et à perfectionner, même en pratique.

Situation de la race chevaline en France.

S'il est une étude utile et nécessaire à faire pour tous ceux qui s'occupent de la production et l'amélioration des espèces d'animaux, c'est particulièrement celle de la race chevaline, de sa production et de sa consommation annuelle.

Nous pourrions donner un court extrait du rapport du conseil supérieur des Haras, rapport appuyé sur des statistiques les plus certaines ; mais, nous nous bornerons à parler de la situation, négligeant les chiffres de la statistique qui varient infiniment d'une année à l'autre.

Il résulte, néanmoins, qu'en considérant l'espèce chevaline en bloc, et en supposant que les chevaux que nous exportons soient propres aux mêmes services que ceux que nous importons, la France ne produirait pas assez de chevaux pour sa consommation. Les besoins annuels sont d'environ un quinzième en sus de notre production.

Les chevaux de luxe (l'armée en dehors), se renouvellent par dixièmes.

Soit donc 90,000 à 100,000 chevaux se renouvelant par dixièmes.

Il est évident que la majeure partie des chevaux qui manquent à la France, appartiennent à la catégorie des chevaux de luxe, et plus particulièrement encore, à celle des chevaux à deux fins.

D'où il faut conclure que nos éleveurs ne produisent pas cette catégorie en nombre suffisant, et, d'un autre côté, ne peuvent les livrer à des conditions aussi avantageuses que celles offertes par les étrangers.

Il résulte, qu'excepté les chevaux de trait, tous

les chevaux employés par l'armée sont des chevaux de luxe; ainsi, les espèces les plus généralement employées pour la remonte des troupes à cheval, sont précisément celles dont la production spontanée est insuffisante dans notre pays et que le commerce demande à l'étranger.

Si le cheval, et particulièrement celui qui nous manque, n'était qu'un objet de luxe, comme tant d'autres que la France se procure dans les pays voisins, l'infériorité de la production nationale, à cet égard, n'aurait pas été l'objet de tant de préoccupations ; mais, le cheval qui nous fait défaut est le cheval de guerre, celui qui est indispensable pour la remonte de la cavalerie. Nous devons le faire naître et élever sur notre territoire.

Les établissements du service des remontes et l'administration des Haras, ont pour but de remédier à ce mal.

Physionomie d'un cheval de choix.

Les qualités extérieures du cheval sont : une tête sèche et un peu longue, la face intérieure large dans toute son étendue, plane vers le haut, le front large, les yeux grands, transparents, à fleur de tête, la prunelle sans tache ni nébulosité ; la bouche médiocrement fendue et la langue de grosseur moyenne ; la peau fine doit dessiner, en relief, les saillies des os et des muscles ; les salières ne doivent pas être trop creuses, les oreilles petites, droites, minces et être très libres de leurs mouvements.

(Ce qui a fait dire au praticien expert consommé, bon devant, bon derrière, bon fourreau, rein horizontal ; jambes bien plantées au devant, ouvertes, sèches et posant bien du derrière ; yeux de perdrix et oreilles de lièvre !)

Pour la qualité du trait, dépassant la pose du pied d'avant par celle d'arrière, le trot très dur, sans efforts des reins.

Ruse des maquignons. — Lorsqu'un cheval est vieux et sans énergie, les maquignons lui donnent une apparence de vivacité, en lui introduisant dans l'anus, en lui donnant un coup de peigne, un morceau de gingembre qui porte l'animal à lever la queue et à prendre une apparence de vigueur qui n'est pas dans sa nature. Il faut donc, quand l'on achète un cheval, le bien examiner dans toutes ses parties ; on lui fait ôter la bride, la selle, la couverture pour bien l'examiner et le voir dans son ensemble, on palpe les jambes, les jarrets, les canons ; on regarde surtout les yeux, et les pieds en dessous. On passe ensuite au garot, aux reins ; puis on examine si la respiration est libre et régulière, et, après l'avoir fait un peu marcher *soi-même*, on s'assure qu'il mange bien, de bon appétit et sans tiquer, l'avoine ou l'orge.

Accouplement. — La jument que l'on veut faire couvrir, doit, au minimum, avoir de trois ans et demi à quatre ans, et l'étalon de quatre à cinq ans. On a remarqué que les juments couvertes dans le commencement de la monte, c'est-à-dire vers la fin de mars ou le commencement d'avril, produisaient les meilleurs poulains ; il n'est pas nécessaire que la jument soit en chaleur ; cependant, elle serait mieux en cet état.

L'âge favorable pour la coupe, ou la castration

du cheval est de deux ans et demi à trois ans ;
la meilleure saison est le printemps. Les chevaux
qui doivent être soumis à cette opération doivent
aussi être mis à la diète pendant plusieurs jours,
à l'avance : Il doit être à jeun lorsqu'on l'opère.

De l'examen de la vue des chevaux.

MOYENS ORDINAIRES.

Pour examiner la vue d'un cheval on le fait placer sous un portail couvert, de manière à ce que
la tête de l'animal reçoive l'ombre dedans et soit
exposée au jour.

Il y a trois moyens ordinaires que l'on peut
employer à cet effet.

1° Avec la vue, on sonde l'œil de l'animal, la prunelle, le tour de l'orbite.

2° Dans la même position on peut également, avec un brin de paille, bien blanche, dans sa bouche, examiner la prunelle de l'œil et son contour; en fesant mouvoir la paille on l'examine dans l'œil.

3° Et enfin une pièce de monnaie, vingt francs, ou même cinq francs en argent, on mire la pièce dans l'œil, et si l'on peut lire l'exergue, l'œil est généralement bon.

MOYEN EXTRAORDINAIRE

Pour reconnaître si un cheval est aveugle ; borgne, dire de quel œil, ou s'il est franc de vue, à vingt pas de l'animal ; sans l'approcher davantage.

Pour obtenir ce résultat, il faut que vous ayez avec vous une personne en qui vous ayez confiance.

Vous conduirez le cheval dans une ruelle close de murs, qui ait au moins cent mètres de longueur.

Vous placez en travers de la rue une perche de cinquante centimètres de haut, à vingt-cinq mètres de celui qui examine.

Votre homme chasse le cheval du

côté de la perche ; s'il se bute dessus, la perche tombe des pierres sur lesquelles elle était placée.

Donc le cheval est aveugle.

SI LE CHEVAL VOIT, DIRE DE QUEL ŒIL.

On reconduit le cheval au même point et on replace la perche.

Ensuite on lui bande un œil avec un morceau de cuir ou de peau recouvert d'un linge replié qui le soutient.

Votre homme le chasse sur la perche et s'il la franchit bien, l'œil opposé à celui qui est recouvert est bon.

Vous répétez ensuite la même opération sur l'autre œil et vous le poursuivez à nouveau ; s'il se bute il est borgne de l'œil découvert, et, s'il ne se bute pas, il est franc de vue.

Maladies des chevaux.

REMÈDES.

Charbon. — Le seul moyen d'arrêter la maladie, c'est d'arracher la tumeur, de l'extirper dès qu'elle commence à paraître, et de cautériser les chairs vives, par le moyen du fer chaud à blanc. On lave la plaie plusieurs fois par jour avec de l'eau de javelle, puis on fait prendre le breuvage suivant : Racines de gentiane 32 grammes, camomille romaine 15 grammes, acide sulfurique 8 grammes, Eau commune, un litre et demi (on fait bouillir).

NOTA. — On ne doit toucher un animal atteint du charbon, qu'avec des gants de peau.

Coliques rouges. — (Maladie causée par les mauvais aliments.) Des purgatifs administrés avec fortes doses ou de l'eau froide ou crue sur la tête et donnée au cheval en sueur. — Il n'y a pas un moment à perdre : Il faut d'abord pratiquer des saignées larges et copieuses ; la première doit être de 4 à 5 kilog. si l'animal est jeune et vigoureux, puis on fait avaler à la dose d'une demi-bouteille et toutes les demi-heures ; laudanum de Sydenham 62 grammes, décoction de têtes de pavot, un litre. Il est bon aussi de faire des frictions réitérées sur les quatre membres avec de l'essence de térében-thine. Enfin on n'épargnera pas les bains émollients : son de froment, un litre et demi, cinq têtes de pavots, dans deux litres d'eau, administrés tièdes.

Contusions, plaies. — Appliquer, sur la partie contuse, de l'eau froide, de l'extrait de saturne ou de sulfate de fer. En cas de fièvre, on a recours à la saignée, à la diète et aux breuvages rafraîchissants.

Coup de sang ou apoplexie. — Faire appeler au plus tôt le vétérinaire, débarrasser le cheval de ses harnais, lui faire, sur la tête, des lotions répétées d'eau froide dans laquelle on verse un peu de vinaigre ; lui frictionner ensuite les membres avec de l'essence de térébenthine. La saignée à la jugulaire est indispensable ; si l'on sauve le cheval, il faut lui accorder un long repos avant de l'employer au travail.

Efforts, entorses. — Bains froids, frictions d'eau-de-vie camphrée.

Farcin. — 30 à 45 grammes de ciguë, soit en électuaire, soit en décoction dans deux litres d'eau.

Gale, roux-vieux. — On frictionne tous les jours les endroits affectés de gale, avec la pommade suivante : mélange d'une partie de soufre et de quatre de saindoux.

Morve. — (Appeler le vétérinaire.) La morve est contagieuse, même pour l'homme.

Pousse. — Nourrir d'avoine, de paille, d'eau blanche, pas de foin ; travail très modéré.

Vertige. — Faire avaler 50 grammes d'émétique dissous dans une bouteille d'eau tiède, passer deux sétons à la partie supérieure sur les côtés de l'encolure, lavements purgatifs au moyen de 30 grammes d'aloès en poudre.

Du Bœuf et de la Vache.

Qualités extérieures. — En général, la tête doit être courte, ramsssée et pas trop grosse ; les yeux doivent être saillants, noirs et luisants ; les épaules larges, les jambes nerveuses, la queue longue, le cuir fin, souple et le poil moëlleux ; on ne doit les faire travailler qu'à partir de trois ans à trois ans et demi, jusqu'à dix ou douze ans exclusivement, puis on l'engraisse.

Le collier, qui le laisse plus libre dans ses mouvements, est, sans aucun doute, préférable au joug, pour l'atteler. Pendant les premiers travaux, il faut les ménager et leur donner une nourriture abondante.

Il est bon de remarquer que dans l'espèce bovine, de même que pour le cheval et le mouton, le mâle a plus d'influence que la femelle sur les qualités du produit de l'accouplement. On ne doit donc employer que de beaux étalons, bien nourris et de trois ans environ.

Le foin, le son et la paille conviennent peu aux vaches pleines, il est bien préférable de leur donner du fourrage ou des racines.

Aussitôt la parturition, il faut bouchonner la mère, l'envelopper d'une couverture, lui donner de l'eau de son tiède : si elle est abattue et fatiguée, on lui fait prendre une soupe composée de trois ou quatre litres de vin chaud, coupée d'un litre d'eau et garnie de quelques tranches de pain grillées.

Lorsque le veau a souffert de la gestation, on lui fait boire du lait chaud et on lui administre un peu de vin chaud.

Les veaux, nouvellement sevrés, sont sujets à la diarrhée; on leur donne alors quelques jaunes d'œufs dans du vin rouge ou de l'eau dans laquelle on a mis des clous rouillés.

Lorsqu'on veut élever des veaux et des génisses pour en conserver la race, il faut prendre de préférence ceux qui sont nés de mars en juin.

Un veau de bonne race doit être allongé, avoir le dos horizontal et non concave, ses hanches écartées, ses jambes droites et solides, ses jarrets larges et ses ongles forts, sa tête doit être courte et ses oreilles longues.

Engraissement. — C'est après les semailles qu'on retire les bœufs pour les placer deux à deux dans le fond de l'étable ; on les fait saigner et bien panser. Pour engraisser les veaux, on leur donne du lait, des pommes de terre cuites écrasées, du gruau d'avoine, des restes de pain trempé et mitonné, ou bien on les nourrit alternativement avec du lait, des buvées de farine de froment et d'œufs bien mélangés.

Choix du bœuf de travail. — On recherche dans le bœuf destiné au trait une tête courte et carrée, un front large, un chignon développé, des cornes grosses à la base et peu allongées, une encolure courte et épaisse, de fortes épaules, un poitrail large, garni d'un fanon, bien descendu ; un corps cylindrique et ramassé, une croupe volumineuse, des membres forts, à jarrets larges courts et gros, un cuir épais mais souple, un poil rude et bien fourni.

Choix de la vache laitière. — La véritable vache laitière est lourde et massive, son corps est long, son ventre volumineux et pendant ; ses membres épais, son mufle large, ses cornes courtes, minces et lisses, ses oreilles larges et velues. Elle porte un pis bien développé, sans être trop charnu, à trayons gros et allongés, sa veine mammaire, grosse et tortueuse, un cuir épais, un poil rude et bien fourni.

Connaissance de l'âge du bœuf par les cornes. — Le veau est à peine âgé d'une semaine, que l'on sent, sur les côtés du chignon, le principe de ses cornes, qui, dans l'espace d'une année, forment deux petits prolongements à surface terne et rugueuse, légèrement contournées, que l'on appelle cornillons. On voit chaque année se former près de l'origine de la corne, c'est-à-dire vers son insertion sur le crâne, un cercle qui se prononce de plus en plus, et repousse les cercles supérieurs, en sorte que les plus anciens sont les plus éloignés de la tête. On peut donc reconnaître l'âge du bœuf, en comptant les cercles ou sillons qui entourent la corne.

Amélioration de l'espèce bovine
vaches schwitz.

Il résulte d'une excursion faite en Suisse, pour y étudier l'espèce bovine (race schwitz), ses caractères, ses différentes variétés, les localités où elle est entretenue ; enfin les modes d'achat et les moyens de transport, pour aider à son importation en France, les faits suivants :

La tournée a été commencée dans la partie montagneuse du canton de Berne, sur les montagnes qui avoisinent le lac et le village de Brienz.

Les vaches qui sont entretenues dans cette contrée ont le pelage uniforme de la race schwitz, bai-marron, fauve et jaune, avec une raie jaune, claire ou fauve, sur l'épine dorsale ; l'intérieur des oreilles garni de longs poils, de couleur claire, la face interne des cuisses et des épaules jaunâtres, la lèvre supérieure garnie de poils blancs. Les autres caractères les plus saillants remarqués sur les animaux, sont les suivants :

1° Taille petite, ne dépassant pas celle des vaches moyennes de la France ;

2° Charpente osseuse légère, croupe large, poitrine ample, corps long, flanc court ;

3° Aplomb des membres, jambes courtes, droites, fines, sèches, ouvertes ;

4° Tête fine, étroite à la région des cornes, celles-ci petites, fines, luisantes, bien contournées, ce qui donne à l'animal une physionomie gracieuse ;

5° Mamelles amples, bien conformées, de couleur fauve, ordinairement quatre trayons toujours bien espacés, veines lactées grosses, sinueuses, porte du lait bien ouverte ;

6° Epis en écusson, mammaire bien développée s'étendant largement sur les cuisses et les jambes, ou elle se termine le plus souvent par un rond point.

Ces vaches ne sont pas difficiles quant à la nourriture ; elles donnent en moyenne, de 14 à 15 litres de lait par jour, quand elles sont fraîches ; elles engraissent facilement et elles ont un développement précoce. Les génisses prennent le mâle de 15 à 18 mois ; le taureau commence le service de montage au même âge.

Les dispositions que possèdent ces animaux à donner du lait et à prendre la graisse de bonne heure, ainsi que leur développement précoce, viennent, il est probable, de la méthode qui a été suivie sur les lieux, et qui est due à la force des choses ; à l'accouplement de parents rapprochés et à l'emploi de taureaux jeunes pour le service de la monte. Le taureau âgé de vingt à vingt-quatre mois est réformé, comme étalon, et vendu en automne, à la fin de la saison, aux étrangers qui les achètent comme taureaux neufs.

Chaque troupeau a son taureau, et celui-ci n'a jamais de concurrent, le taureau vendu en automne est remplacé l'année suivante par son fils, ou l'un de ses fils, qui a été choisi parmi les veaux de plus belle venue.

On élève ordinairement qu'un seul taurillon par troupean et un nombre non limité de génisses. Le plus grand nombre de celles-ci, se vend aussi en automne à l'âge de 15 à 18 mois, en état de gestion depuis deux à trois mois, aux foires d'Uterséen-sur-l'Aar, et de Méringen. Il se présente jusqu'à cinq ou six cents génisses, à une seule de ces foires et le plus grand nombre est acheté par des marchands italiens ; on leur en fixe ordinairement le prix : le prix d'une génisse à Brienz, varie de 130 à 200 francs.

De Brienz en remontant l'Aar, dans la vallée de Hâsli, sur l'Oberland, ou partie montagneuse du canton d'Untervald, en gravissant le Kirchet, situé au-delà du Brünig, on ne rencontre que des vaches de petite taille, remarquables par la finesse de leur tête, qui a une certaine ressemblance avec celle du chamois. Arrivé au sommet du Kirchet, limite du canton de Berne et d'Untervald, on trouve généralement des vaches plus grandes et plus grosses que dans les environs de Brienz et la vallée de Hâsli, mais ayant tous les caractères génériques de ces dernières, et se faisant également remarquer :

1° Par leurs jambes fines, droites et ouvertes ;

2° Leur corps long, leurs flancs courts, **la largeur de leur bassin** ;

3° Leurs cornes fines, luisantes et bien contournées :

4° L'ampleur et la belle conformation de leurs mamelles.

On remarque aussi chez ces vaches, les mêmes signes lactifères que chez celles de Brienz ; l'épi mammaire se termine également en rond point sur les cuisses, ce caractère semble être chez ces animaux un cachet de famille et dénoter une même origine.

Se trouvant dans les pâturages du haut d'Untervald, on assiste à la traite des vaches et l'on peut ensuite parcourir les chalets de l'Oberland, en visitant les pâturages et les troupeaux, après quoi, on arrive sur le village de Sachson, en descendant la vallée du haut Melchtal (dite vallée au lait), et en suivant le cours du Melchbach, qui coule au fond de cette vallée.

Dans cette partie de l'Oberland, généralement peu connue des voyageurs, à cause de son accès qui est difficile, on trouve à toutes les vaches les caractères distinctifs décrits plus haut : généralement, ces vaches sont assez massives, leur taille est moyenne, quant aux formes et quant à la taille, avec les bonnes vaches que l'on rencontre çà et là, sur les versants du Jura. Il y en a qui marchent avec une facilité étonnante sur les bords des précipices du Mulechbaeth, là où l'homme ose à peine se hasarder ; l'assurance, l'aplomb, qu'on remarque dans leurs mouvements, donne la certitude qu'on peut en obtenir des animaux de travail.

Elles sont excellentes laitières, elles donnent de 15 à 25 litres de lait par jour, quand elles sont fraîches vélées, elles conservent bien leur lait, et l'on en recontre même qui en donnent 30 litres.

La taille de ces vaches, comme leur produit en lait, est en rapport constant avec la qualité et la fertilité de leurs pâturages, à quelques exceptions près.

Dans l'Oberland, les pâturages sont plus gras, plus abondants que dans les environs de Brienz ; néanmoins, ils ne sont pas très abondants partout, ils sont mélangés ; leurs qualités varient même sur les lieux les plus élevés ; on trouve à côté du pâturage sec et succulent, le pâturage laicheux, tourbeux, acide, d'où l'eau suinte en tout temps.

Dans le Hâsli, les pâturages sont généralement plus accidentés et plus secs.

Quant au taureau qui doit servir d'étalon, on suit les mêmes usages que dans les environs de Brienz. Il est toujours choisi dans la famille et réformé à l'âge dit.

On élève aussi un grand nombre de génisses que l'on vend à dix-huit ou vingt mois, et presque toujours en état de gestation ; on trouve, en automne, aux foires de Sachseln, un grand nombre de ces génisses, leur prix varie entre 200 à 300 fr.

De Sachseln, on se rend à Schwitz, par le lac des Quatre-Cantons, où l'on peut visiter les troupeaux de la race pure des Schwitz : les courtiers de bestiaux vous font visiter les nombreux troupeaux du couvent de Notre-Dame-des-Hermites à Einsiedsln, où l'on arrive par la vallée de l'Alp. Les vaches de ce canton sont plus grosses, plus massives que dans le canton d'Untervald. Elles ont la corne moins fine, les membres moins fins, la mamelle n'est pas aussi ample et aussi bien conformée ; elles sont généralement moins bonnes laitières ; elles perdent en lait ce qu'elles gagnent en viande. Cette différence est surtout sensible sur les troupeaux du couvent, qui sont considérés, dans le pays, comme les plus beaux.

Voici les caractères les plus saillants des **vaches** qui composent ces troupeaux :

1° Cornes mal contournées, grosses à leur base, noires, rugueuses ;

2° Partie inférieure des extrémités énormes et comme gorgées ;

3° Mamelles mal conformées, peu amples, trayons mal disposés ;

4° Corps massif et comme bouffi ;

5° Peau épaisse et rude, ce qui donne, à ces animaux l'aspect de bœufs atteints d'éléphantiasis, ou l'aspect de l'éléphant.

Les caractères que je viens de décrire, sont

moins prononcés sur les vaches que l'on rencontre du côté de Küsnacht, et au pied du Righi ; néanmoins, elles sont plus grosses, plus massives, ont les allures plus lourdes, le système osseux plus développé que celles de l'Oberland.

On trouve dans le canton de Schwitz, de beaux troupeaux composés, à peu près, de vaches du même âge et de même taille, et qui sembleraient plutôt n'être entretenus que pour la vente. En effet, dans ce canton, il se fait un commerce considérable de bétail, en raison de la renommée de sa race bovine, et les propriétaires, dont la plupart sont marchands de bestiaux, composent leurs troupeaux d'un nombre ainsi gradué, 10, 20, 30, 40, ainsi de suite, de vaches, autant que possible, du même âge et de même taille. Cette uniformité donne au troupeau le coup-d'œil et en facilite la vente.

Le bétail, dans le canton de Schwitz, est ordinairement d'un prix plus élevé que dans le canton d'Untervald, à cause des achats qui s'y font pour les pays étrangers.

Partant de Schwitz, on se dirige du côté d'Entlibuch, dans le canton de Lucerne, et l'on visite les troupeaux qui sont disséminés dans les pâturages de la vallée de Füelhi, dans le Celerbrigt, pays montagneux, limitrophe de l'Oberland-Bernois ; on trouve les vaches de cette contrée en tout semblables à celles d'Untervald et des montagnes du canton de Berne, déjà signalées ; donc, il n'y a rien à ajouter aux signes distinctifs.

Là se bornent les investigations du visiteur qui aurait désiré les poursuivre dans les cantons d'Argovie, d'Uri et de Saint-Gal, où est entretenue une variété de la race bovine Schwitz, qui est préférable comme laitière.

En résumé, la race bovine Schwitz, dont l'on vient de tracer les principaux caractères, peut se diviser, d'après sa taille et les localités où elle est entretenue, en trois catégories ou races, savoir :

1° Petite race de Brienz ou de Hâli ;

2° Race moyenne de l'Oberland ;

3° Grosse race, ou de Schwitz.

La vente du bétail de Schwitz, se fait ordinairement par l'intermédiaire de courtiers, dont la plupart parlent français, ce qui fait que la langue allemande, qui est celle du pays, n'est pas un obstacle pour l'acheteur français.

L'époque des foires de bestiaux varie d'une année à l'autre, et ce n'est qu'en automne, à la fin de la saison, qu'elles se trouvent nombreuses et bien pourvues ; c'est aussi le moment le plus favorable pour acheter. Le bétail se trouve alors dans le bas des vallées, près des villages, tandis qu'à d'autres époques, on est forcé de parcourir les chalets.

Les bestiaux achetés, pour destination de France, à Unterseen, à Moringen, à Sachseln et à Schwitz, font une partie du trajet sur les lacs, où se trouvent des barques pour les recevoir, et qui sont remorquées par des bateaux à vapeur.

De là, ils arrivent en France par les chemins de fer.

Avant de mettre les bêtes en route, on les fait ferrer pour les conduire, à petites journées, les premiers jours.

Le Celerbrigt, situé entre Lucerne et Berne, est la contrée la plus avantageusement située pour la vente des bestiaux en destination de France.

Dans toutes ces courses alpestres, un bienveillant commissionnaire a conduit l'explorateur au courant, lui-même, de tout commerce de bétail, dans ces pays qu'il connaît de longue date, et dont les indications lui ont été fort utiles.

Situation de l'espèce ovine.

Les animaux domestiques sont, à tous égards, le capital le plus productif, l'élément le plus essentiel des richesses agricoles d'un pays.

La France possède sur son territoire environ trente-six millions de têtes de l'espèce ovine divisés en un nombre considérable de races presque toutes plus défectueuses les unes que les autres ; c'est la partie de notre bétail que nous devons le plus améliorer, et qui est le plus susceptible d'amélioration.

Dans les dernières années nous avons cependant vu des progrès considérables se faire, notamment dans le Berry, la Brie et la Haute-Bourgogne, si dans cette espèce tant négligée, le produit brut, qui n'est guère que d'un centime et demi à deux centimes, par jour et par mouton, pouvait s'élever de trois à quatre centimes ; cette augmentation insignifiante de deux centimes par jour se résoudrait en plus-value de 700,000 fr. par jour ou

255 millions de francs par année, et cette augmentation peut être obtenue, soit par la précocité et l'aptitude à l'engraissement, soit par l'amélioration des races, par conséquent des laines et de l'augmentation du poids des animaux en viande.

L'importation étrangère, déduction faite de nos faibles exportations est de 120,000 têtes par année, en moyenne.

Nous abattons annuellement près de sept millions de têtes de l'espèce ovine, pour la consommation, c'est le cinquième des existences.

Nous devons nous efforcer de produire des races plus précoces, d'un poids plus élevé, et spéculer davantage sur la production de la viande, ainsi que sur la valeur des laines qui se déprécient chaque jour, par l'introduction étrangère. L'importation s'est montée une de ces dernières années à 18 millions de kilogrammes de laines brutes, qui peuvent être évalués à 40 millions de francs.

Mouton.

L'âge le plus convenable du bélier pour la monte est de trois à quatre ans ; et de dix-huit mois pour les brebis.

Il faut faire saillir toutes les brebis dans le mois de juillet. Il est sage de ne donner à un bélier que quarante brebis.

La durée de la gestation est de cent cinquante jours (150 jours).

Lorsque la parturition est difficile à cause de la position, il faut que le berger après avoir frotté ses doigts avec de l'huile, trouve les pieds de l'agneau et les attire à l'ouverture.

Aussitôt que la brebis à mis bas, on lui donne de l'eau blanche tiède, de l'orge, de l'avoine ou du son, qui a conservé un peu de farine.

La brebis ne donne ordinairement qu'un agneau ; si elle en donne deux, on ne lui laisse le second qu'autant qu'elle est grasse et ses mamelles bien remplies.

Pour engraisser les agneaux on les conserve à la bergerie où ils têtent leurs mères, soir et matin, et pendant la nuit. Dans le jour, tandis que leurs mères sont aux champs, on leur fait têter des marâtres. (Brebis qui ont perdu leurs agneaux).

On met auprès des agneaux une pierre de craie, pour qu'il la lèchent, ce qui les préserve du dévoiement ; les agneaux mâles, doivent être châtrés à quinze jours.

L'eau des rivières et des ruisseaux qui coule continuellement est la meilleure pour les moutons. Quand un mouton boit beaucoup, c'est qu'il est malade ou qu'il va le devenir. On fera bien de donner un peu de sel aux moutons ; cinq à dix kilogrammes suffisent tous les huit jours à trente ou quarante moutons, on le broie et on l'étend dans les auges.

Les moutons en voyage, ne doivent pas faire plus de quatre à cinq lieues par jour ; on doit éviter les routes à cause de la poussière, les laisser brouter en marchant et voyager la nuit quand il fait trop chaud le jour.

On saigne les moutons à la jugulaire, à la sphère et à la veine jugulaire.

Situation de l'espèce porcine.

Le nombre total des porcs que possède la France, est d'environ six millions et l'abattage annuel, à peu près de quatre millions. (Les porcs de lait ne sont pas compris dans ces nombres et ne figurent ni dans les existences, ni dans les abattages.)

Nos importations de l'extérieur (déduction faite de nos quelques exportations), sont d'une moyenne de cent mille têtes par an. Les races sont bonnes, en général, mais elles manquent un peu d'une précocité que l'on obtiendrait facilement, par des croisements judicieux avec des races anglaises ou italiennes.

Le porc anglais est beaucoup plus facile à engraisser que celui de la race française ; sa conformation l'indique assez. Il a les os moins gros, les jambes moins longues, la tête moins forte ; toutes ces parties étant celles qui ont le moins de valeur, dans le poids de l'animal, il en résulte nécessairement, qu'il y a moins de perte que dans un porc du pays. Il est aussi beaucoup plus facile à nourrir, puisque, pendant six mois, tous les herbages, la luzerne, le trèfle, les pesettes et tous les débris de jardins, suffisent non-seulement pour le nourrir, mais encore pour le maintenir toujours en bonne chair. On doit avoir soin, lorsqu'on le nourrit de la sorte, de lui blanchir son eau de breuvage avec une poignée de son.

En hiver, c'est-à-dire pendant les six autres mois, on le nourrit soit avec des pommes de terre, des carottes, des fèves ou du maïs ; pour le pousser à la graisse ; il suffit, pour la dernière période de son engraissement, c'est-à-dire le dernier mois, de faire cuire ces denrées en y ajoutant du son, de la farine d'orge, de maïs ou de sarrazin.

Cette dernière graine peut être cuite avec la pomme de terre, sans la réduire en farine. C'est la manière la plus avantageuse de la faire consommer.

Les porcs de cette race, lorsqu'ils ont été bien engraissés, peuvent atteindre des poids énormes. J'en ai vu qui, à 22 mois, à 2 ans, pesaient au moins 200 à 250 kilog. Des expériences nombreuses m'ont prouvé que le déchet était de 20 à 22 p. cent ; ainsi ce porc de 250 kilog. aurait pesé, *viande nette*, 200 kilog., plus que bien des bœufs de ce pays.

Un porc anglais, qui recevait journellement, à domicile, pour sa nourriture :

2 kilogr. de betteraves crues,
4   id.   de pommes de terre crues,
1[2 id.   de farine de blé noir (sarrazin),
1   id.   de son,

a augmenté pendant cinquante-quatre jours, de 43 kilog., soit donc près de 800 gr. par jour. Cette augmentation est fort ordinaire, d'après d'autres expériences, faites ailleurs, et notamment par M. Martin, de Genève, qui a obtenu des résultats supérieurs.

Voici les principales précautions à prendre lorsqu'on veut élever des porcs de cette race :

Il faut d'abord que le mâle ait au moins un an ; quant à la femelle, elle peut porter dès l'âge de dix mois, mais il vaut mieux attendre qu'elle en ait douze ou quatorze ; car, quelle progéniture peut-on attendre d'individus qui n'ont pas atteint la moitié de leur croissance ? Avant de présenter la truie au verrat, il est bon de la laisser un peu jeûner, pendant une quinzaine de jours, afin de la faire maigrir, parce que, très souvent, son état d'embonpoint empêche l'accouplement. La truie porte seize semaines ; il est très rare que l'époque où elle met bas, s'avance ou se retarde de plus d'un ou deux jours. Dix ou douze jours avant, les mamelles grossissent et se durcissent ; elles laissent échapper du lait, la veille ou l'avant-veille de la mise-bas.

Les petits craignent le froid. Si la truie met bas en hiver, il faut, si on peut, la mettre dans une écurie de vaches; la litière doit être composée de balles de blé ou de paille hachée, afin que les petits ne puissent pas se cacher, et courir risque d'être écrasés par la mère.

Si une truie fait plus de petits qu'elle n'a de mamelles, ce qui se voit quelquefois, on devra détruire les plus faibles, pour les réduire au même nombre. La mère peut, à la rigueur, en nourrir une douzaine; mais, neuf ou dix sont tout ce que l'on peut désirer qu'elle élève. La nourriture, à cette époque et un peu avant qu'elle mette bas, doit être de bonne qualité : on peut employer la farine d'orge et celle de sarrasin, qui nourrit sans échauffer et tend à faire du lait.

On délaye cette farine dans l'eau tiède, et c'est la seule nourriture, pendant les quatre ou cinq jours qui suivront la mise-bas.

Au bout d'un mois, on donne aux petits un peu de lait pour soulager la mère, puis, ensuite, de la farine délayée dans de l'eau tiède, et, enfin, on les sèvre graduellement.

C'est à l'âge de six semaines qu'il convient le mieux de châtrer les porcs que l'on destine à être engraissés. Si l'on veut tuer à dix ou onze mois les jeunes porcs anglais, il faut, dès le commencement, leur donner une nourriture abondante, consistant en farineux : avec ce régime, ils arriveront à peser plus de 100 kilog., de viande nette.

De l'Ane.

A trois ans, les ânes sont aptes à la reproduction. Cette aptitude se continue jusqu'à quinze ou seize ans. La monte a lieu dans les mois de mai et de juin. Dès que la mère est délivrée, on lui administre un breuvage composé de farine, d'orge, ou de froment et d'eau tiède. Il faut surtout la préserver du froid et de l'humidité.

Le fumier de l'âne est un engrais très-précieux pour les terres froides.

Les maladies de l'âne et du mulet étant les mêmes que celles du cheval, le traitement est aussi le même, sauf la dose.

Du Mulet.

Le mulet destiné à la charrette et au labourage, doit avoir des formes puissantes et carrées, l'encolure forte et courte, les reins larges et droits, plutôt bombés que concaves ; les membres forts, le jarret bien développé, le sabot gros et arrondi en pince ; large et ouvert du talon. Ceux au contraire, qui sont destinés à être montés, doivent avoir une forme élégante, la tête haute, plus fine, le corps plus allongé, le garrot plus relevé, les reins droits, le jarret large, rond et bien proportionné.

Hygiène des animaux.

Air chaud. — Quand l'air est trop chaud, les animaux suent au moindre travail, ils urinent mal, et sont quelquefois frappés d'apoplexie et de coups de chaleur. Pour remédier à cette influence de l'air trop chaud, on diminue un peu la nourriture solide (pain, avoine) ; on abreuve trois fois par jour et on met dans quinze litres d'eau, un demi-litre de vinaigre et trois litres de son. Si on le peut on fait prendre des bains de rivière ou de mer. Quand on est forcé de faire travailler pendant la chaleur, on lave de temps à autre, les yeux et le sommet de la tête avec de l'eau fraîche ; le soir à la fraîcheur, quand les mouches ne piquent plus, on met les bestiaux dehors, et on ouvre toutes les portes et les fenêtres des étables et des écuries ; on exige moins de travail, on fait de bons pansages, on garnit les portes et les fenêtres avec de la grosse toile ; ce qui permet un courant d'air continuel sans exposer le bétail aux arrêts de transpiration et aux piqûres des mouches.

Air froid. — Lorsque l'eau se congèle à l'air extérieur, on dit qu'il est froid ; cette température convient aux animaux en bonne santé ; alors ils sont gais, ils travaillent avec courage, et mangent avec appétit, leurs urines sont claires, leurs crottins durs et bien marronnés, il faut alors augmenter la nourriture des bêtes de travail.

On préserve les animaux de l'air trop froid en les couvrant d'étoffes de laine, et en fermant les portes et les fenêtres , mais il faut bien se garder de boucher les petites ouvertures avec du fumier, comme on le fait dans nos campagnes, il vaut mieux que les animaux endurent un peu le froid, que d'être renfermés.

Ce que l'on doit surtout éviter, seront les transitions du chaud au froid.

Air humide. — Quand l'air est humide et qu'un cheval aura été refroidi, il faut en le rentrant à l'écurie, le bouchonner fortement puis le couvrir avec de la paille, maintenue par une couverture et une sangle, le bouchonner de nouveau une heure après et lui remettre la couverture seulement.

Air sec. — L'air sec est très-salutaire, surtout quand il est un peu froid, il convient aux malades, aux convalescents et à tous les animaux jeunes ou vieux, qui sont faibles.

Lumière. — La lumière produite par le soleil et les étoiles fixes exerce de profondes influences aussi bien sur les animaux que sur les enfants. Ceux qui en sont privés, sont sans énergie, sans expression, leur chair est molle, les poils longs et gros, et si l'obscurité favorise l'engraissement, la secrétion et l'abondance du lait, il est certain que la qualité de ce dernier est bien inférieure à celui des femelles qui vivent en plein air.

Rosée. — Pour garantir les bestiaux des accidents qu'occasionne la rosée, on les garde à l'étable jusqu'à ce que la rosée soit à peu près sèche, on leur donne un peu de foin, si on est forcé de les faire sortir avant que la rosée soit tombée.

Pluie, neige. — La pluie, la neige étant au moins aussi nuisibles que l'air humide, on devra prendre les mêmes précautions que nous venons d'indiquer à l'article précédent.

Situation des Ecuries, Fumiers, etc.

De l'influence des habitations sur la santé des animaux. — C'est surtout dans les campagnes que l'on rencontre ces mauvaises habitations qui souvent causent des maladies graves, de ce qu'elles sont trop basses, trop étroites, mal aérées et presque toujours au-dessous du sol qui les entourent, et surtout de ce que les murs sont en très-mauvais état, crevassés et de même que les planfonds sont couverts de toiles d'araignées. Quand on veut construire une étable, une écurie, une bergerie, une porcherie, il faut choisir l'endroit le plus convenable, c'est-à-dire le plus maigre qui avoisine l'habitation, qu'il soit un peu en pente, pour donner écoulement aux urines et aux eaux pluviales, et faire paver le sol en grès, assis sur un lit de ciment, et bien rejointoyé. Car non-seulement l'humidité est très-nuisible au bétail, mais elle pourrit encore singulièrement les harnais, les planchers, etc.

Orientation. — L'exposition du levant est généralement celle que l'on doit donner aux habitations et à leurs ouvertures.

Aération. — Pour renouveller l'air, on ouvre des portes et des fenêtres, on pratique des ouvertures au niveau du sol, et on place des tuyaux d'appel aux toits.

Sarbacanes. — On appelle *sarbacanes* des ouvertures que l'on fait dans les murs des étables à 0.10 ou 0.12 centimètres au-dessus du niveau du sol, ouvertures que l'on peut ouvrir à volonté avec des petites planchettes à coulisses quand on veut aérer les étables.

Espacements. — Pour que le cheval de culture et les bêtes à grosses cornes, puissent être à l'aise, il leur faut à chacun 1 m. 50 de largeur et 2 m. 50 de longueur, sans comprendre l'espace nécessaire pour pouvoir circuler derrière eux.

Ratelier. — Le ratelier doit être placé verticalement avec une légère inclinaison à sa partie supérieure ; il doit reposer sur un mur ou sur une planche sans ouverture ; ses barreaux doivent être longs et espacés les uns des autres de huit à neuf centimètres ; si l'étable doit être à deux rangs, on peut placer le ratelier au milieu, ce qui permet de placer les harnais derrière chaque animal d'attelage.

Mangeoire. — La mangeoire est destinée à recevoir les parcelles d'aliments qui tombent du ratelier, ainsi que les grains, les barbottages et les racines. Elle doit avoir une profondeur de 30 à 35 centimètres et être percée d'un ou plusieurs trous, pour donner l'écoulement à l'eau qui a servi à la laver. Sa hauteur est d'un mètre vingt à un mètre quarante pour les chevaux et d'un mètre seulement pour les bœufs et les vaches. Elle doit de préférence être en pierre dure et être souvent lavée avec de l'eau chaude.

Fumiers. — Quand l'étable est dans de bonnes

conditions, ou peut sans inconvénient, y laisser le fumier peudaut deux ou trois semaines, il devient meilleur ; mais quand les habitations ne sont pas dans de bonnes conditions, il faut les vider plus souvent et toujours avoir soin de couvrir le sol d'une litière. Les fumiers doivent être éloignés des habitations des bêtes, comme de celles des hommes. Il faut choisir, autant que possible, l'exposition du midi abritée par les arbres, pour les y déposer. Il faut aussi avoir soin de ne pas répandre le fumier dans les cours et dans les mares, sous peine de perdre la partie la plus fertilisante.

Nota. — Le cultivateur doit bien se persuader qu'un animal ne peut lui rendre travail et produit, qu'en raison de ce qu'il lui donnera à manger.

Docilité des animaux employés à l'agriculture.

Les animaux domestiques dont on se sert dans nos exploitations rurales, sont généralement très-

doux ; s'ils deviennent méchants, c'est que très-
souvent, on ne sait ni les élever, ni les conduire.
Ne voit-on pas en effet que les animaux bien traités obéissent volontiers à la voix de ceux qui les
dirigent, et qu'il suffit souvent d'un mot, pour leur
faire exécuter les travaux les plus pénibles.

La manière dont on conduit ces compagnons de
nos travaux, a certainement une grande influence
sur leur santé, sur leur embonpoint, sur les produits qu'ils donnent, ainsi que sur les services qu'ils
sont appelés à nous rendre.

Les animaux traités avec douceur, travaillent
avec plus de cœur, sont plus actifs et plus dociles,
font plus d'ouvrage sans se fatiguer, tandis que
ceux que l'on brutalise, sont toujours de mauvaises
bêtes.

La brutalité est un aussi mauvais moyen pour
dompter et gouverner les animaux, qu'elle l'est
pour les enfants. Il est en effet bien rare qu'on ne
parvienne pas à dompter ces animaux en les ca-
ressant, en leur donnant des friandises ou en leur
grattant le sommet de la tête. Un petit morceau
de pain, une poignée d'avoine, un peu de sel, de
sucre et quelques caresses, sont des moyens qui
réussissent généralement à calmer des animaux
défiants et irrascibles.

S'il arrive qu'on soit obligé de punir, il faut
autant que possible, faire comprendre à l'animal

qu'il est coupable, en lui infligeant la punition, aussitôt la faute commise.

' L'influence de l'homme est d'ailleurs tellement grande, que les animaux réputés les plus méchants les plus féroces, se laissent souvent gouverner par des femmes et même des enfants qui les traitent avec bienveillance et douceur.

Les moyens de correction les plus puissants, sont la diète et la privation du sommeil, pour ces animaux réputés dangereux et qui ont déjà résisté à d'autres moyens. Toutefois, avant de punir un animal, il faut s'assurer que rien ne le blesse.

De la fabrication du Beurre dans les fermes.

Il est important de choisir des heures convenables pour traire la vache, et autant que possible, ne pas le faire trop souvent. En Hollande et généralement en Angleterre, on ne trait que deux fois par jour; en Hollande à trois heures du matin et à trois heures de l'après-midi; en Angleterre à six heures du matin et à six heures du soir; en France le système d'Angleterre est suivi pendant les jours courts, et l'été on trait trois fois; nous préférons le système français, et voici pourquoi:

Si on trait les vaches, trois fois par jour, il faut avoir soin d'avoir à sa disposition davantage d'ustensiles, car il faut plus de temps et plus de domestiques, quand l'on veut être propre et soigneux; les vaches ne peuvent ni paître, ni se reposer pendant ce temps; il faut au moins six heures pour la formation du lait dans le pis de la vache, pour qu'il soit assez gros et assez épais.

Les vaches sont dans leur primeur le troisième printemps qu'elles donnent du lait, et se conservent fort bonnes jusqu'à l'âge de douze ans.

Certaines vaches donnent beaucoup de lait et fort peu de beurre, proportionnellement, souvent on mélange la crême de ce lait avec celui d'autres vaches, ayant des qualités meilleures; c'est un tort, on devrait soigneusement l'éviter, car cela nuit à la totalité.

Dans les fermes du Morvan (Nièvre), où les vaches parquent à l'embouche, dans de vastes pâturages clos, on leur ouvre seulement la porte à

chaque heure habituelle, et elles viennent toutes
se faire traire devant la ferme ; aussitôt l'opération terminée elles retournent d'elles-mêmes au
pâturage.

Quand l'on trait la vache à l'écurie, il est bon
de lui donner quelque chose à manger ou à lécher,
cela la rend plus docile et elle donne mieux le
lait.

En Algérie, les vaches des indigènes sont généralement plus petites qu'en France ; celles que l'on
peut traire, sont l'exception, quant aux autres,
qui ne vivent l'été que de maigres pâturages brûlés
du soleil, on les laisse nourrir leur suite, et jamais on ne les trait.

Une vache arabe qui avait un veau d'un mois,
et inabordable pour la traite, achetée par un
Français, s'est laissé facilement traire quand on lui
a eu retiré son veau, qu'elle a eu les mamelles
trop gonflées en lui donnant à lécher ; il s'est
félicité d'avoir suivi notre avis.

FABRICATION DU BEURRE.

Dès l'instant où le lait est trait, l'air et la température agissant sur lui, sa qualité en est matériellement affectée. Si les pâturages sont près de la
ferme, il faut ramener les vaches très-doucement
pour les faire traire.

Si l'on portait à bras le lait, dans des sceaux à une distance même peu éloignée, le lait serait positivement impropre à faire du bon beurre.

Après que la laitière s'est bien lavé les mains, elle prépare une éponge et de l'eau et lave les pis de la vache avant de la traire.

Le sceau dans lequel on trait doit être de bois blanc; immédiatement après qu'on s'en est servi, il doit être lavé à l'eau bouillante et tenu éloigné de toutes odeurs, bonnes ou mauvaises.

A peine a-t-on trait, qu'il faut passer le lait à travers un linge ou un tamis fin, très-propre, et le verser dans des jattes de bonne terre ou mieux encore de faïence, à rebords bas, de manière à n'avoir jamais plus de douze à quinze centimètres de hauteur ou profondeur.

La laiterie doit avoir deux ouvertures ou fenêtres, de manière à former un courant d'air ; cependant le soleil ne doit jamais y pénétrer. Le pavage doit être en pierres ou briques et tenu bien propre, souvent arrosé en été. Tout objet qui pourrait donner une odeur quelconque, ne devra jamais être mis dans ce lieu.

Après douze à quinze heures de repos, une crème se forme sur le lait, si l'on battait cette crème, on obtiendrait un beurre fort délicat et excellent; mais généralement on n'écrème qu'une fois en vingt-quatre heures.

La crème doit être mise dans un vase de faïence
verni (sans plomb). Tous les jours on ajoute la
crème, jusqu'à ce qu'il y en ait assez pour battre
le beurre ; cette opération devrait se faire tous les
deux jours et jamais après trois ou quatre jours.
Toutes les fois que l'on écrême et que l'on ajoute
la crême nouvelle à l'ancienne, il faut avoir grand
soin de remuer avec une cuillière de bois pour mé-
langer tout ce que renferme le vase. Cette précau-
tion est absolument nécessaire.

Il y a plusieurs espèces de barattes ; elles sont
toutes bonnes ; il faut seulement avoir soin d'a-
dapter la grandeur de la baratte à la quantité
que l'on a à battre.

Pour que le beurre se forme vite, il faut que la
baratte soit aux deux tiers pleine et que la température soit modérée ; en hiver dans une chambre
à feu ; et en été les portes ouvertes ainsi que les
fenêtres, s'il fait bien chaud. Si l'on connaît l'usage du thermomètre, 12 degrés centigrades sont une
température excellente.

Le battage doit se faire doucement et d'une manière uniforme ; autrement le beurre serait gâté.

L'électricité a beaucoup d'influence sur la fabri-
cation du beure ; si le temps est orageux et qu'il
tonne beaucoup, il faut garder la crème moins
longtemps, et battre le beurre toutes les vingt-
quatre heures, ou trente heures au plus.

Dans des circonstances ordinaires, et toutes les précautions prises, après avoir bien battu la crême une heure, le beurre commence à se former en petites pelottes, qui bientôt s'unissent ensemble et forment la masse du beurre.

Alors on l'assemble avec les mains et on le met dans une cuvette ; s'il est possible sous une fontaine d'où coule de l'eau pure, puis on prend une batte en bois, on étend et on presse le beurre dans l'eau, jusqu'à ce que le bas-beurre soit séparé du beurre, et que l'eau qu'on aura souvent changée, soit claire. Il y a des laiteries où l'on préfère ne pas autant laver le beurre ; on prend un linge, dont on fait une pelote que l'on mouille dans l'eau en frappant le beurre, jusqu'à ce que le linge finisse par absorber le bas-beurre et laisser le beurre pur.

Ailleurs, on ne se sert que de la main, ayant soin de la tremper toujours dans l'eau, avant de frapper le beurre ; mais si la personne qui travaille le beurre avait la main trop chaude, le beurre serait gâté. La première méthode est assurément la meilleure.

La qualité du beurre dépend certainement de tous ces soins, cependant, il ne faut pas oublier aussi que la nourriture de l'animal y a sa part.

Le meilleur beurre ne peut être produit que par des vaches nourries dans de bonnes prairies naturelles ou par celles qui ont à lécher à la crèche de l'étable.

Les vaches nourries avec de l'herbe fauchée ou coupée, communément dit fourrage, donnent généralement de mauvais beurre ; à l'exception, toutefois, de l'herbe coupée dans les prairies artificielles.

Les navets et toutes autres racines, surtout les carottes, donnent d'assez bon beurre, et on doit les employer de préférence à toute autre nourriture en hiver.

Le beurre d'hiver ne peut jamais être aussi bon que le beurre de printemps ou d'été.

Les vaches nourries sur le regain, donnent un beurre excellent.

Le beurre de printemps est toujours gras et presque toujours jaune.

On peut colorer le beurre artificiellement, mais ce procédé n'est pas loyal, il est facile à découvrir.

Il y a des vaches qui donnent du beurre plus jaune que d'autres ; ce sont les vaches des îles de Jersey et Guernesey, en face de Cherbourg, ainsi que toutes celles qui se trouvent répandues sur le littoral de la Manche. Mais assurément le beurre peut être fort bon, excellent même, sans être jaune.

On peut conclure de ce qui précède, que de bonnes prairies et une grande propreté font le

bon beurre, et qu'en négligeant l'un et l'autre de
ces moyens, le beurre sera mauvais, ou tout au
moins médiocre.

<hr>

De la vente des bestiaux de toutes espèces et du maquignonage.

CONSEILS AUX CULTIVATEURS.

La vente des bestiaux de toutes sortes a lieu
de deux manières ou à la maison, ou sur le champ
de foire à proximité du pays.

Dans le premier cas les transactions ont presque toujours lieu loyalement et les marchés sont
exécutés avec la plus entière bonne foi et la plus
grande franchise.

En ce qui concerne le second, il se rencontre généralement trop souvent, des maquignons brisés au métier et à leur profession qui, quelquefois, usent de toutes les ficelles de leur art, pour surprendre les cultivateurs qui ne sont pas toujours armés de la sagacité voulue, pour résister à leurs discours et à leurs artifices.

CHEVAUX.

Les vendeurs de chevaux sur un champ de foire sont de deux sortes seulement.

Le cultivateur ou le propriétaire vendant ses chevaux pour se procurer l'argent nécessaire à ses besoins, ou pour changer les animaux contre des plus jeunes desquels il croit tirer plus de profit.

Les seconds, des maquignons, qui viennent offrir à la vente des chevaux qu'ils ont achetés et qui sont dans leurs écuries, quelquefois depuis moins d'un mois.

Il est certaines parties de la France ou ces revendeurs sont souvent des israélites ; ceux-ci, comme les autres, sont faciles à reconnaître au premier examen. Ils ont une tournure particulière sur un champ de foire, on remarque qu'ils sont dans leur rôle naturel.

Un grand fouet avec un brin de jonc à la main,

généralement avec une blouse fendue sur le devant, dont le collet supporte une agrafe en argent, presque toujours bottés à l'écuyère.

Le paysan ou le bourgeois et même l'industriel ont conservé au milieu du mouvement leurs allures ordinaires, ils ne savent pas se transformer.

Les chevaux de ces derniers arrivent plutôt trop tôt que trop tard au champ de foire, pour la raison qu'ils ont déjà parcouru dix ou vingt kilomètres dans la matinée.

Ces chevaux, assez bien soignés depuis un ou deux jours qu'ils sont destinés à être offerts à la vente, arrivent donc assez propres quand la route n'a pas été boueuse pour se rendre à la foire. Mais simplement accouplés.

En ce qui concerne les chevaux des maquignons, c'est une autre affaire; quoiqu'ils ne soient qu'à douze ou quinze kilomètres de la ville où la foire se tient, ils sont venus coucher la veille pour les bien faire manger, reposer et les approprier le lendemain dès le matin.

De plus, ils sont bien étrillés, peignés, brossés et enjolivés, les queues retroussées avec de la paille de lien, la crinière et le toupet de la tête. Ils sont en outre soulevés de la tête par un filet très-court.

Il arrive souvent que quand le cheval est vieux, les dents ont été limées depuis huit jours, la fève de marque d'âge rétablie au fer chaud sur la dent, les crins grisonnants sont reteints en noir ou rouge, selon la robe de l'animal, les fossettes des yeux en tabatières qui sont une dernière reconnaissance de la veillesse de l'animal, ont été piquées la veille avec des petites pointes d'épingles traversant une pelote, en sorte qu'une légère inflammation les avaient fait gorger le lendemain.

Dans la marche, pour le trot ou le galop du cheval du paysan, c'est lui qui le tient, son fils ou son domestique, pour le faire examiner, il a fait la course sans prétention mais aussi sans soin ; car un cheval inhabitué à une course à main et qui est ferme et solide du devant, arrive souvent à buter s'il n'est pas soutenu.

Dans ce cas, l'acheteur dépréciera le cheval publiquement et à haute voix, pour en faire diminuer le prix.

Celui du marchand de chevaux qui est demandé, est détaché par le maquignon lui-même, qui le frappe, en même temps qu'il dit que c'est un cheval parfait.

Il le fait trotter généralement par lui-même, le soutenant solidement avec le filet s'il a une faible allure, en le frappant du fouet par derrière ; il se peut aussi que la pelote à épingles qui a servi à piquer les fossettes des yeux, dans certains cas, soit dans la main du maquignon qui tient le filet, les pointes en l'air sous la mâchoire du cheval, qu[i] est forcé de lever la tête, pour ne pas se piquer dessus.

Quoiqu'il en soit, le cheval peut encore convenir au paysan. Mais le marchand en veut trop cher, il en demande six cents francs? Tandis que le cultivateur n'a apporté que quatre cents francs qu'il voulait mettre pour cet achat, il l'avoue; le marchand lui répond : mais prenez en deux de mes chevaux si vous le voulez sans argent, mais est-ce que je ne vous connais pas? Soyez sans inquiétude là-dessus, le marché est traité pour six cents francs, le paysan donne ses quatre cents francs et le vendeur l'emmène à la buvette voisine, lui fait souscrire un billet à ordre avec intérêts, à trois mois, pour les deux cents francs complétant la somme.

Le paysan qui ne comprend pas, à ordre, n'a pas pris note de l'échéance et n'a pas son argent quand le vendeur l'avise.

Il va trouver son vendeur, qui lui dit qu'il a un besoin pressant d'argent pour le moment, qu'il veuille bien le solder. Mais que si toutefois il ne pouvait absolument pas, qu'il lui remette vingt francs, il lui renouvellera son billet de deux cents francs pour trois mois et qu'ensuite il tâchera de se procurer de l'argent ailleurs.

Ce billet peut se renouveller trois ou quatre fois?

Cultivateurs, n'achetez jamais à crédit vos bestiaux, et surtout sur un champ de foire ; vous ne pouvez franchement débattre le prix des animaux et vous serez souvent rançonnés par votre créancier.

Maladies des animaux

DES COLIQUES OU TRANCHÉES.

On désigne sous le nom de coliques ou tranchées, des douleurs causées par l'irritation du tube intestinal, ces douleurs, toujours plus ou moins vives, déterminent l'animal qui en est atteint à se livrer à des mouvements désordonnés ; il s'agite, se tourmente, regarde son flanc ; se couche, se lève, tré-

pigne des pieds, a les mouvements des flancs accé-
lérés ; il fléchit les membres d'une manière brusque ;
généralement il y a constipation, quelquefois diarrhée.

En raison de leur nature et de leurs causes, on
divise les coliques en plusieurs espèces :

1° COLIQUES VENTEUSES OU D'INDIGESTION.

Elles sont occasionnées par une grande quantité
de gaz dans les intestins.

Symptômes. — Le ventre est tendu, principalement du côté droit, on entend des borborygmes,
le pouls est dur, tendu, un peu fréquent ; l'animal
se couche, se relève, regarde son flanc ; l'œil est
animé ; il y a des interruptions de tranquillité qui
sont, le plus souvent de peu de durée.

Causes. — Elles sont nombreuses ; l'air froid
ainsi que l'eau, un arrêt de transpiration, les aliments de mauvaise nature, mal récoltés, qui n'ont
pas encore jetés leur feu, le vert donné sans pré-
caution, etc.

Traitement. — On bouchonnera l'animal, on lui
donnera des lavements de mauves, ou on lui fera
prendre deux bouteilles d'infusion de sureau miel-

lé. Si la maladie fait des progrès, que la météorisation augmente, on lui donnera une once
d'éther dans un litre d'eau tiède ; on pourra employer avec efficacité sur la région lombaire, un
sac contenant du son et des mauves cuites et chau-
des ; on pourra faire des fumigations sous le ventre avec de l'eau de mauves.

2° COLIQUES STERCORALES.

Ces coliques sont très-fréquentes dans les chevaux, ânes, mulets avancés en âge ; le chien y est
aussi très-exposé. Elles ont souvent une terminai-
son funeste ; leur siége est dans la portion flot-
tante du colon ; elles sont produites le plus souvent
par des aliments échauffants, par les bourgeons de
vigne, la feuille de frêne, etc.

Symptômes. — Les animaux qui en sont atteints
se tourmentent, regardent leur ventre qui est dis-
tendu et dur ; le pouls est concentré et devient,
peu à peu, inexplorable ; l'animal se plaint lorsqu'on lui donne quelques secousses sur les parois
de l'abdomen ; on entend graduellement un gar-
gouillement plus ou moins fort ; les oreilles et les
extrémités sont froides ; à l'approche de la mort
il survient des sueurs froides et abondantes, et un
tremblement général.

A l'ouverture du cadavre, on trouve une pelote d'aliments durs, qui remplit complètement l'ouverture de l'intestin. Dans la portion où se trouve cette pelote, les parois sont toujours ulcérés ; il y a une grande inflammation et infiltration sanguine.

Traitement. — Il consiste à donner des breuvages d'eau de graine de lin bien miellée, de l'huile d'olive, des lavements d'eau de mauves, dans lesquels on mettra de l'huile ; l'animal sera fouillé ; on aura soin de mettre de l'huile sur la main ; le rectum sera vidé complétement.

On le bouchonnera principalement sous le ventre ; il sera promené souvent ; si au moyen de ce traitement, on n'obtient aucun changement avantageux, on aura recours aux purgatifs, tels que l'aloès en poudre, à la dose d'une once, et de deux onces de sulfate de magnésie, dans un litre d'eau de mauves ; on donnera des lavements de mauves, dans lesquels on mettra de l'aloès. On pourra répéter l'administration de ce remède, s'il n'y a pas d'évacuations, douze ou quinze heures après, quand les purgatifs auront produit leurs effets ; on aura le soin de donner à l'animal des breuvages adoucissants pour détruire l'inflammation qu'aura fait naître les purgatifs, et continuer les lavements d'eau de mauves.

3° COLIQUES ÉTRANGLÉES.

Elles rentrent dans la classe des coliques inflammatoires auxquelles nous renvoyons pour le traitement.

4° COLIQUES INFLAMMATOIRES, COLIQUES SANGUINES OU TRANCHÉES ROUGES.

Ce sont des affections inflammatoires de la membrane muqueuse de l'intestin, qui causent des douleurs très aiguës à l'animal qui en est atteint. Elles sont les plus fréquentes et les plus dangereuses, et se terminent promptement. Elles sont produites par l'usage des aliments trop échauffants, de mauvaise qualité, des boissons froides, des arrêts de transpiration, des coups sur l'abdomen, etc., etc.

Symptômes. — Les animaux qu'elles attaquent se tourmentent beaucoup, se roulent fréquemment, regardent souvent leur ventre, se couchent quelquefois sur le dos ; si on les fait marcher, ils rapprochent leurs quatre extrémités vers le centre de gravité ; le pouls est vif, fréquent, l'artère dure, tendue ; les membranes apparentes sont rouges,

injectées, les naseaux sont dilatés, les flancs re-
troussés ; à l'ouverture, on trouve les intestins et,
souvent, le péritoine très enflammé et leurs vaisseaux gorgés de sang.

Traitement. — Dès le commencement, il faut
saigner deux fois, et quelquefois trois fois, jusqu'à ce que le pouls devienne souple, donner des
breuvages de graines de lin, d'eau d'orge, de racines de guimauve miellés ; lui donner fréquemment des lavements avec de l'eau de mauves ; on
pourra y ajouter quelques têtes de pavot ; l'animal
sera bouchonné et promené, si le temps le permet ; on lui fera une bonne litière.

MALADIES DE POITRINE DU GROS BÉTAIL

SYMPTÔMES PRINCIPAUX DE LA PÉRIPNEUMONIE

Première période. — Lorsque la péripneumonie
attaque une bête à cornes, elle peut continuer à
manger, à boire, à ruminer, et, si c'est une vache,

à donner du lait comme en parfaite santé. Cependant, si on l'examine avec attention, on trouvera les yeux injectés et rouges, la respiration fréquente (25 à 30 respirations par minute), et le pouls accéléré (55 à 60 pulsations à la minute).

L'oreille, appliquée sur la poitrine, fait reconnaître localement ou dans toute l'étendue des poumons, un bruit léger de souffle ou de frottement, comparable au bruit produit en soufflant dans un tube en verre. En frappant légèrement sur la poitrine, on développe la sensibilité, l'animal ressent de la douleur ; il en résulte un son mat (ça ne sonne pas creux) ; la bête tousse fréquemment, la toux est petite et avortée ; elle se fait entendre surtout le soir et le matin, par les brouillards froids, le printemps et l'automne ; souvent la vache désire plusieurs fois le taureau ; l'animal ne paraît d'ailleurs pas malade. Cet état peut durer de 3 à 8 jours.

Deuxième période. — Si la bête est à l'herbe, elle ne mange plus, se couche peu et recherche les abris ; **souvent**, elle est gonflée ; elle tousse le soir et le matin, aussi bien à l'étable qu'au pâturage ; elle se coupe de lait ; on la fait plier le dos et pousser un gémissement en appuyant la main derrière le garot : les yeux sont jaunes quelquefois, le plus souvent rouges ; la respiration est pré-

cipitée, 35 à 40 fois par minute, et est accompagnée d'une légère plainte, l'air, rendu par les naseaux, est plus chaud qu'à l'ordinaire ; le pouls
bat 70 à 100 fois par minute ; il peut arriver que
le pouls ne batte que 50 à 60 fois par minute ; la
bête jette par les naseaux. En frappant la poitrine,
vis-à-vis les endroits malades, la bête se plaint et
se retire ; à l'oreille, le bruit du souffle, aux endroits malades, est irrégulier.

Dans cette période, les vaches avortent souvent ;
arrivée à ce degré, la maladie peut encore être
guérie.

Troisième période. — Arrivée à cette période, la
maladie peut se terminer par la guérison (résolu-
tion), la gangrène, l'hépatisation (épaississement
du poumon), l'épanchement (hydropisie de poitrine). Quand la maladie, sans se guérir, est à l'é-
tat de chronicité, et moins inflammatoire, elle ne
menace pas immédiatement la vie de l'animal.

INDIGESTIONS CHEZ LES RUMINANTS

BŒUFS ET MOUTONS

On nomme indigestion, un trouble passager et plus ou moins subit de la digestion.

Les indigestions des ruminants sont encore appelées météorisations, parce qu'elles sont, presque toujours, accompagnées de dégagement de gaz. Ces affections ont ordinairement lieu dans les estomacs, qui sont au nombre de quatre : Le premier est le rumen ou panse. Il est d'un volume considérable, eu égard aux trois autres qu'on appelle réseau ou bonnet, feuillet et caillette. Ce dernier est le ventricule, proprement dit, le principal estomac, l'agent essentiel de la digestion, le seul capable de produire la chylification.

La rumination est une fonction par laquelle les aliments, après avoir séjourné un certain temps dans la panse, remontent par l'œsophage dans la bouche, en forme de pelote, pour y être de nouveau triturés et imprégnés de salive, de manière à pouvoir être digérés.

Les indigestions sont divisées en plusieurs espèces :

1° En indigestion méphitique, gazeuze simple ;
2° en méphitique, gazeuze compliquée, avec sur-
charge d'aliments ; 3° en indigestion putride simple ; 4° en indigestion putride compliquée de du-
reté de la panse ; 5° et en indigestion par irritation
de la membrane muqueuse du rumen.

DE L'INDIGESTION MÉPHITIQUE GAZEUZE SIMPLE.

Symptômes. — Cette indigestion est caractéri-
sée, à l'extérieur, par un gonflement presque subit
de l'abdomen et soulèvement des flancs, principalement du côté gauche, sans que la main, appuyée
sur cette partie, puisse rencontrer d'autre résistance que celle qui est due à l'air. Quand on frappe
sur le ventre, il résonne comme un tambour ;
c'est ce bruit qui a fait donner à cette affection le
nom de tympanite ; le gonflement augmente de
plus en plus, la difficulté de respirer se manifeste,
l'animal ne mange pas, cesse de ruminer ; il reste
dans un état de stupeur, les oreilles couchées
en arrière, grince des dents et rend des éructa-
tions qui exhalent une mauvaise odeur acéteuse.
Lorsque la maladie est portée à un très haut degré, l'animal prend une attitude qui indique une
grande souffrance ; il écarte les membres, tient ouverte la bouche, qui est remplie de bave ; le pouls
devient dur et serré, les vaisseaux de la face sont

très gorgés. les yeux sont saillants, l'épine dorso-
lombaire est inflexible et voûtée, en contre-haut, le
poils s'efface, l'animal ne peut plus respirer, pousse
des cris plaintifs, chancelle, tombe et meurt après
quelques convulsions.

Causes. — Les plus communes sont l'indigestion des herbes fournies par les prairies artificielles, comme le sainfoin, la luzerne, le trèfle, principalement ce dernier, surtout quand il est mouillé
par la rosée ou par la pluie ; les herbes naturelles,
couvertes de gelée, produisent souvent le même
accident, ainsi que toutes celles qui sont mouillées.

Traitement. — Les nourrisseurs doivent prendre beaucoup de précautions, au printemps, dans
l'administration du vert ; il faut que les animaux
en mangent peu à la fois et plus souvent, surtout
quand il est mouillé.

Le traitement curatif doit nécessairement varier
selon l'intensité de la maladie : si la bête est peu
météorisée, il suffira de lui administrer deux ou
trois bouteilles d'eau de lessive de cendre, ou d'infusion d'anis vert, quelques lavements avec des
mauves ou du son, la promener et la bien bouchonner. Si l'indigestion est plus intense, on administre, dans une bouteille d'eau froide, l'éther sulfurique, à la dose d'une à deux onces, selon la taille

et l'âge de l'animal ; on pourra renouveler une demi-heure après ou une heure, la même dose. S'il n'y a pas une amélioration sensible, l'alcali volatil, l'ammoniaque liquide, donné également dans de l'eau, à la dose d'une demi-once, produit un effet très salutaire. Les lavements, la promenade doivent être continués.

Si malgré ce traitement, la maladie continue à faire des progrès, il ne faut pas attendre que la bête soit dans un état désespéré ; il faut avoir recours à une opération chirurgicale, qui consiste à ponctuer la panse, pour en dégager les gaz acide carbonique, et hydrogène qui s'y sont développés par la fermentatation des aliments. Cette ponction se pratique dans le milieu du flanc gauche, un peu en arrière de la dernière côte, en avant de la hanche, et deux pouces plus bas que l'extrémité des apophyses transverses des vertèbres lombaires. On peut se servir pour cela d'un couteau pointu, d'un bistouri, ou d'un trois-quart ; on enfonce l'instrument, comme je l'ai dit, dans le milieu du flanc gauche, un peu obliquement, de haut en bas, et de gauche à droite. La ponction étant faite, on fixe au moyen d'une feuille, une canule, et à son défaut, un morceau de bois de sureau dégagé de sa moëlle ; on approprie ensuite une baguette, qu'on introduit de temps en temps dans l'ouverture pour repousser les aliments que l'impétuosité des gaz entraînent dans ce tube ; on doit laisser la canule ou le sureau dans la plaie, jusqu'à ce qu'on ne voie plus le météorisme se reproduire, et qu'il ne sorte plus de gaz ; l'ouverture sera bouchée avec un point de suture ou une emplâtre de poix ou de térébenthine.

On ne devra permettre aux animaux de manger que vingt-quatre heures après que la météorisation sera entièrement dissipée.

La ponction ne devra jamais être faite entre les côtes, comme on la pratique malheureusement trop souvent dans les campagnes ; car on peut atteindre le poumon ou le diaphragme, accident qui entraîne souvent la mort du sujet.

MALADIE APHTEUSE DES BÊTES
A CORNES.

La maladie aphteuse (appelée vulgairement *cocotte*) qui a paru ces dernières années en France, d'une manière épizootique des bêtes à cornes, vient de se déclarer à nouveau ; elle paraît plus tenace, plus difficile à guérir, et les animaux infectés sont plus malades. Les élévations rougeâtres qui la caractérisent, se montrent sur la langue et ses bords, à la face interne des lèvres et des gencives, se transforment en vésicules, forment des ulcérations superficielles, et sont très-grosses ; la bouche et la langue sont rouges, tuméfiées, très-enflammées, il y a suppression complète du lait, perte de l'appétit, pouls fréquent et les bêtes maigrissent beaucoup.

Cette maladie, qui dure un certain temps, ne laisse pas que d'inquiéter les propriétaires de bestiaux. Ces mêmes aphtes, après avoir subi différentes phases de l'inflammation et de l'ulcération, se cicatrisent et d'autres surviennent.

Sur quelques animaux les aphtes affectent aussi la trachée artère, l'œsophage et l'estomac ; on s'en aperçoit à l'écoulement, par la bouche et les naseaux, d'une matière très-visqueuse ayant une odeur fétide ; il se forme aussi quelquefois des ulcères entre les onglons.

Ces aphtes sont dûes à l'irritation du tube intestinal, par suite de la rareté, ou de la mauvaise qualité des fourrages, surtout quand les animaux ont été mal nourris l'hiver précédent ; la malpropreté des étables, le défaut de paille, le pâturage au printemps dans les forêts, où il existe une quantité considérable de chenilles, les temps humides, et la nourriture d'aliments nouveaux, ont bien pu déterminer cette affection. Du reste, en employant un traitement rationnel approprié suivant les circonstances de la maladie, qui se présentent, elle a rarement des suites fatales.

N'importe quel traitement l'on mette en usage, le premier soin est la séparation des animaux malades, d'avec les autres.

La grande propreté des étables, peu de nourriture, de l'eau blanche nitrée pour boisson, des gargarismes avec de l'eau d'orge, à laquelle on peut ajouter du miel et quelques gouttes de vinaigre et même d'acide sulfurique.

Intérieurement, on peut donner des breuvages de décoction d'orge, avec addition de quelques onces de sel d'Epsom, et un peu de miel ou de mélasse.

Les aphtes des onglons se guérissent en tenant les parties malades très propres ; si les ulcères qui en résultent présentent un mauvais caractère, on les touche avec une dissolution de vitriol bleu ou de sulfate de cuivre en poudre, faite avec du vinaigre blanc, à laquelle on ajoute un peu d'extrait de saturne.

DU FARCIN ET DE LA MORVE.

(Danger de communication à l'homme)

Un cas de morve, précédé de farcin, s'est manifesté chez un capitaine qui était chargé de diriger l'ambulance et l'infirmerie des chevaux morveux et farcineux de la cavalerie. Ces chevaux occupaient une écurie au-dessus de laquelle logeait le capitaine; cette maison n'avait de jour que sur une cour intérieure.

Le capitaine, qui avait un soin tout particulier de ces animaux, recevait, par la disposition que nous venons de décrire, les émanations des écuries; souvent, il détachait lui-même les croûtes farcineuses de ces animaux.

Dans ces circonstances, le farcin se manifesta chez le capitaine, qui, pendant plus de deux mois, ne s'aperçut pas de la maladie qu'il avait contractée. Il entra enfin à l'hôpital militaire. Il se plaignait de douleurs vagues dans les membres et d'une petite tumeur à la jambe droite, qui fut ouverte peu de jours après son entrée; des nodosités farcineuses existaient sur le corps, puis, il se ma-

nifesta par des petits boutons purulents, non om-
biliqués, à cercle rouge à la base, et réunis par
groupes à la figure, sur la poitrine et sur les membres. Des ecchymoses et des escarres gangreneu-
ses se montrèrent sur certaines parties et au-dessus des groupes que nous venons d'indiquer. Moins
d'un mois après son entrée à l'hôpital, le malade
mourut, après avoir éprouvé une tuméfaction de
la pituitaire qui rendait la respiration presque impossible par les narines.

A l'autopsie, on trouva les fosses nasales engor-
gées de matières muqueuses, leur plancher était
recouvert d'une fausse membrane qui s'avançait
jusqu'au pharinx ; la membrane muqueuse était
épaissie, couleur lie de vin et couverte de granu-
lations agglomérées, dont quelques-unes étaient
ulcérées. Dans le tissu cellulaire et dans l'épaisseur des muscles étaient des foyers purulents en-
tourés d'un tissu induré par l'infiltration sanguine.
La surface du poumon présentait des petits boutons analogues à ceux observés sur la peau et dans
les fosses nasales, des foyers purulents existaient
dans leur épaisseur ; l'articulation fémoro-tibiale
présentait une sérosité trouble et mêlée de quelques petits flocons blanchâtres, l'articulation du
scafoïde avec les cunéiformes présentait une al-
tération plus profonde.

Afin de constater si cette affection morveuse

pouvait être transmise à des animaux, on prit quatre bêtes de réforme, une mule, deux juments et un cheval, qui furent inoculés avec les matières prises sur le cadavre, douze heures après la mort, la mule avec le pus provenant des pustules de la face et de la cuisse, une jument avec des mucosités des fosses nasales, le cheval avec du sang provenant des cavités cardiaques.

L'inoculation se fit à la fois chez ces quatre animaux dans les fosses nasales par des piqûres, et sur le poitrail par un séton ; le cheval mourut au bout de vingt-huit jours, avec les signes d'une morve aiguë ; trente-deux jours après l'inoculation, une des juments est morveuse et fortement glandée, la mule est farcineuse et l'autre jument n'a rien. Ce cas est des plus intéressants et nous croyons que c'est la première observation bien constatée de la communication de la morve et du farcin de l'homme au cheval.

Quelques observations ayant déjà constaté la possibilité de la contagion de la morve du cheval à l'homme, nous avons cru devoir communiquer à nos lecteurs le nouveau cas signalé, dans l'intention de prévenir les cultivateurs, les propriétaires de chevaux, du danger qu'ils courent en conservant, dans leurs écuries, des animaux atteints d'une maladie que l'art est impuissant à guérir.

Système d'attelage des bêtes de trait et de charrue

EN FRANCE ET EN ALGÉRIE.

Les animaux employés généralement en France, aux transports des produits de l'agriculture et aux labourages des terres, sont les chevaux, les mulets, les bœufs et les vaches.

En Algérie les indigènes emploient aussi à ces sortes de travaux les ânes.

Dans la plus grande partie de la France et particulièrement dans celle à grandes cultures, ce sont les chevaux qui sont préférés et avec raison, à cause de la plus grande célérité dans les labourages et dans les transports.

En ce qui concerne les pays à cultures mixtes ou variées où le cultivateur se livre au travail de la vigne de même qu'à celui des champs, c'est tantôt les chevaux ou les bœufs, et quelquefois les deux ensemble qui servent aux transports et aux labourages.

Une des considérations qui déterminent le cultivateur à se servir des bœufs de préférence, sont les pays montagneux ou trop accidentés, où les voies de communication sont très-difficiles et que les bœufs seuls, peuvent parcourir avec des voitures sans courir de grands dangers.

En effet les bœufs attelés ensemble par un joug, sont forts, lents et résistants ; ils traversent des précipices, montent ou descendent des pentes rapides avec des voitures très-chargées et leur allure fait disparaître toutes craintes d'accidents.

Une autre considération qui favorise encore cette préférence, c'est l'élevage et l'engraissage de l'espèce bovine, tel qu'on le voit dans l'est et dans le centre de la France, y compris les départements de Saône-et-Loire, de la Nièvre, du Cher et du Puy-de Dôme ; où ces animaux travaillent fort peu de temps et sont ensuite parqués à l'embouche, pour en faire des bêtes de boucherie.

Il est encore bon nombre de départements en France qui sont dans les mêmes vues, à cet égard, que ceux que nous venons de citer, particulièrement ceux du nord et du sud.

Il y a aussi notamment dans le midi de la France, le Dauphiné, la Provence et le Languedoc, des attelages de transports et de charrues exclusivement composés de mulets.

Ces animaux, comme les bœufs, sont robustes, résistants, et craignent moins la chaleur excessive de ces régions que toute autre espèce.

Dans quelques provinces de la France, on remarque aussi des charrues attelées de deux forts bœufs et de deux vaches ; ces dernières servent d'auxiliaires dans les travaux difficiles ou pressants ; autrement, elles donnent d'abondants produits à la ferme, en laitage et en élèves, qui sont d'une grande ressource.

En Algérie les charrues et voitures des Européens diffèrent peu de celles de France en ce qui concerne la traction, il n'y a que les Arabes (ou indigènes) qui labourent avec deux ânes très-faibles et quelquefois même avec un seul.

Les animaux sont attachés à une perche qui leur sert de charrue à laquelle il y a quelquefois un petit soc en fer, mais le plus souvent en bois ; avec cet instrument ils grattent le terrain qui est semé de blé ou d'orge à l'avance.

Au printemps on est souvent étonné des produits que donne un semblable travail.

ATTELAGE DES BESTIAUX DE TRAIT ET DE CHARRUE.

On conduit les chevaux et mulets à la voiture et à la charrue l'un devant l'autre ou accouplés en flèche, deux par deux.

Chacun de ces systèmes offre ses avantages ou ses inconvénients, suivant les travaux à exécuter ou les chemins à parcourir ; personne n'est plus à même de choisir le meilleur moyen, que le cultivateur lui-même ; néanmoins quand les terres soumises aux labours ne sont pas humides, l'accouplement est préférable car l'attelage est moins long et la force de traction étant plus rapprochée de la charrue, elle devient plus active et plus forte.

En ce qui concerne les terres labourables, étant humides ou grasses, l'attelage à la file, surtout pour les semailles, nous paraît plus avantageux, car les animaux suivent tous la raie, ne piétinent pas le terrain à labourer, de manière à rendre la culture plus difficile.

L'attelage des bœufs est, en général, le même partout, en France ; c'est l'accouplement au joug ; néanmoins, dans certaines régions, notamment dans la Lorraine et les Vosges, on se sert du joug brisé ou du collier. Ce moyen a bien des avantages, car il laisse l'animal plus libre de ses mouvements surtout dans la saison des grandes chaleurs et des mouches.

En Algérie, on attèle les bœufs avec des colliers brisés en fer, la plupart du temps, et surtout dans la province de Constantine où l'on ne voit guère d'autres attelages.

Ce système laisse beaucoup à désirer, car si les

bœufs sont poussés, ils sont obligés de presser les épaules contre des barres de fer, qui ne sont pas même garnies de coussins.

On conduit les bœufs au fouet ou à l'aiguillon, selon l'habitude du pays, mais le dernier moyen paraît préférable.

Nota. — On doit toujours faire ferrer les bœufs quand on les emploie à des transports sur les routes ou des chemins empierrés.

Des vices rédhibitoires

POUR LES TROIS ESPÈCES D'ANIMAUX, RACES CHEVALINE, BOVINE ET OVINE.

Art. Ier. — Seront réputés vices rédhibitoires et donneront seuls ouverture à l'action résultant de l'article 1611 du code civil, dans les ventes ou échanges d'animaux domestiques, ci-dessous dénommés, sans distinction des localités où les ventes ou échanges auront eu lieu, les maladies ou défauts ci-après, savoir :

Pour le cheval, l'âne ou le mulet :

1° La fluction périodique des yeux ;
2° L'épilepsie ou le mal caduc ;
3° La morve ;
4° Le farcin ;
5° Les maladies anciennes de poitrine, **ou de** vieilles courbatures ;
6° L'immobilité ;
7° La pousse ;
8° Le cornage chronique ;
9° Le tic, sans usure de dents ;
10° Les hernies inguinales et intermittentes ;
11° La boiterie intermittente, pour cause de vieux mal.

Pour l'espèce bovine :

1° La phtysie pulmonaire ou pommelière ;
2° L'épilepsie ou mal caduc ;
3° Les suites de la non délivrance ;
4° Le renversement **du vagin ou de l'utérus.**

Pour l'espèce ovine :

1° La clavelée. Cette maladie, reconnue chez un seul animal, entraînera la rédhibition de tout le troupeau.

Nota. — La rédhibition n'aura lieu que si le troupeau porte la marque du vendeur.

2° Le sang de rate. Cette maladie n'entraînera la rédhibition du troupeau, qu'autant que dans le délai de garantie, sa perte constatée s'élèvera au quinzième au moins des animaux achetés.

Dans ce dernier cas, la rédhibition n'aura lieu également que si le troupeau porte la marque du vendeur.

Art. II. — L'action en réduction de prix, autorisée par l'art. 1611 (1) du code civil, ne pourra être exercée dans les ventes ou échanges d'animaux énoncés dans l'article ci-dessus, que conformément au nota suivant le paragraphe 1er.

DÉLAI.

Art. III. — Le délai pour intenter l'action rédhibitoire sera, non compris le jour fixé pour la

---

(1) Dans les cas des articles 1641 et 1643, l'acheteur a le droit de rendre la chose, et de se faire restituer le prix ou de garder la chose et de se faire rendre une partie du prix, telle qu'elle sera arbitrée par les experts.

Code civil, art. 1644.

livraison, de 30 jours pour le cas de fluxion périodique des yeux, et d'épilepsie ou mal caduc.

De neuf jours, pour tous les autres cas.

Art. IV. — Si la livraison de l'animal a été effectuée, ou s'il a été conduit dans les délais ci-dessus, hors du lieu du domicile du vendeur, les délais seront augmentés d'un jour par 5 myriamètres de distance du domicile du vendeur, au lieu où l'animal se trouve.

Art. V. — L'acheteur, dans tous les cas, à peine d'être non recevable, sera tenu de provoquer, dans les délais ci-dessus, à l'art. 3, la nomination d'experts chargés de dresser procès-verbal ; la requête sera présentée au juge de paix du lieu où se trouve l'animal.

REQUÊTE AU JUGE DE PAIX.

Ce juge nomme immédiatement, suivant l'exigence du cas, un ou trois experts, qui devront opérer dans le plus bref délai.

Art. VI. — La demande sera dispensée du préliminaire de conciliation et l'affaire intentée et jugée comme matière sommaire.

Art. VII. — Si pendant la durée des délais fixés par l'art. 3, l'animal vient à périr, le vendeur ne sera pas tenu de la garantie, à moins que l'acheteur ne prouve que la perte de l'animal provient de l'une des maladies spécifiées dans l'article 1er.

Art. VIII. — Le vendeur sera dispensé de la garantie résultant de la morve et du farcin pour le cheval, l'âne et le mulet, et de la clavelée pour l'espèce ovine ; s'il prouve que l'animal, depuis la livraison, a été mis en contact avec des animaux atteints de ces maladies.

TROISIÈME PARTIE.

DES FOURRAGES

Considérations générales sur les fourrages.

Sans engrais point de succès en agriculture ; sans bétail pas d'engrais ; sans fourrage point de bétail ; les productions fourragères sont donc une des premières nécessités de toute culture.

Selon que votre approvisionnement en fourrage de toutes espèces vous permettra de nourrir plus ou moins de bétail ; vous pourrez plus ou moins fumer, étendre ou resteindre vos cultures de céréales.

C'est donc la production possible qu'il faut calculer avant tout, quand l'on entreprend la culture, l'exploitation d'une ferme, d'un domaine ; ce sera toujours d'après l'état des prairies naturelles, ou l'extension que l'on pourra donner aux prairies artificielles et aux cultures de racines fourragères, que l'on sera à même d'augmenter et d'améliorer la production générale et les bénéfices possibles d'une exploitation agricole.

Il faut quand l'on prend une ferme, plutôt s'enquérir de l'aptitude du sol à produire les divers fourrages, que de se préoccuper des terres propres aux céréales.

On pose en fait que les terres les plus mauvaises, que le sol le plus médiocre, est toujours apte à produire un fourrage, une production herbacée quelconque.

Si tu veux du blé, fais du pré, disaient nos anciens agronomes. Tout progrès, toute amélioration en agriculture est dans ce principe que nous formulerons plus longuement en ces termes :

« Etendre indéfiniment les cultures et produc-
» tions fourragères, en consacrant moins de ter-
« res aux productions céréales épuisantes ; pro-
» duire autant et même plus de céréales dans une

» moins grande étendue de sol, par l'augmenta-
»′ tion indéfinie du bétail et des engrais. »

Tel est le problème que se posent et mettent en
pratique les agriculteurs éclairés ; problème déjà
résolu par tous les pays avancés en agriculture :
l'Angleterre, la Hollande, l'Allemagne, etc., etc.,
où la moitié et même les trois cinquièmes du sol
cultivé sont consacrés aux productions fourragères,
tandis qu'en France, ce n'est guère que le quart
du sol que nous y consacrons ; c'est de là, *de là
seul*, que nous vient notre infériorité de production
agricole.

Mais, dira-t-on, si l'on diminue le nombre des
terres qui sont semées en céréales, blé, seigle, orge,
avoine, etc., la France n'en produira plus assez,
et nous serons obligé de demander le surplus de
notre consommation annuelle aux pays étrangers ?
Erreur profonde ! Oui, par l'extension du sol
fourrager, vous diminuerez bien réellement les
terres cultivées en céréales ; mais l'augmentation
nécessaire du bétail et des engrais qui s'en suivra,
vous doublera le produit de ces mêmes terres.

L'hectare, point ou mal fumé, qui vous donne
cinq à six fois la semence que vous y répandez,
vous la donnera dix à douze fois, quand il aura
reçu et continuera à recevoir le double ou le triple de fumier que vous y mettez maintenant.

Vous aurez donc trois avantages à la fois : diminution de labour et de main-d'œuvre, sur vos cultures de céréales ; augmentation du bétail, qui au prix où est la viande, représentera une valeur considérable ; enfin production égale, ou plus grande, de céréales avec moins de labour et de semence, sur une moins grande étendue de terrain.

Des faits incontestés viennent à l'appui de ce système d'extension de culture fourragère ; en France la production moyenne d'un hectare de blé n'est que de 12 à 15 hectolitres ; la production moyenne bien constatée dans les pays que nous venons de citer est de 25 à 30 hectolitres par hectare ; que l'on ne suppose pas que cette production riche ne s'obtienne que dans des terres excellentes et de première qualité ; là comme partout ailleurs, le sol est bon, médiocre ou mauvais, plus ou moins, dans chaque exploitation agricole ; mais les terres sont reposées par de longs assolements et améliorées à la longue par une culture judicieusement appliquée ; et elles sont arrivées graduellement à cette fécondité de produits par l'extension raisonnée des cultures fourragères et l'augmention du bétail et ce n'est pas un siècle qu'il a fallu pour arriver à cette prospérité agricole ; ce système ne date pour ces pays que 1820, il y a environ cinquante ans, dans ce laps de temps,

ils ont pu tripler, quadrupler peut-être le capital
et toutes ses production agrioles.

APPROVISIONNEMENTS FOURRAGERS.

D'après les bases posées pour l'alimentation
journalière des divers animaux employés dans
une exploitation, il est facile de calculer la consommation annuelle qui devra se faire. Le cultivateur, se rendra compte, d'une part, de ce qu'il
produit en fourrage de toutes sortes ; de l'autre
du nombre des animaux nécessaires à ses cultures ;
il verra s'il doit étendre ses produits fourragers
ou augmenter son bétail pour les consommer, s'il
y a espace suffisant dans ses hébergeages.

On devra calculer le temps que les animaux
sont nourris à l'étable et celui où ils vont au pâturage. La consommation des fourrages demandera,
terme moyen, une quantité double pour l'alimentation que s'ils étaient donnés secs, c'est-à-dire
que l'animal dont la ration journalière est de
10 kil. en fourrages secs, en exigera 20 kil. en
fourrages verts, ou en racines fourragères.

DIVERSITÉ DES FOURRAGES.

Les principales récoltes fourragères sont le foin,
le regain, produits des prés naturels, la luzerne,

le trèfle, le sainfoin. Toutes les céréales coupées en vert, sont ce que l'on appelle fourrages de prairies artificielles ; les pesettes, les pois, plantes légumineuses à graines farineuses, le sarrasin, les choux, colza, plantes oléifères ; les pommes de terre, carottes, betteraves, rutabagas, racines fourragères sarclées doivent servir à l'alimentation des animaux et entrer dans une culture bien dirigée.

Nous ne pouvons, dans les limites restreintes de ce mémoire, traiter longuement de la culture des plantes fourragères, ni fixer au cultivateur celles qu'il devra produire de préférence ; il devra se décider d'après le genre de son bétail, la nature des terres de son exploitation, leur plus ou moins grande aptitude à produire tel fourrage ou telle plante fourragère ; pourvu qu'il mette en pratique de produire beaucoup d'approvisionnements fourragers et, par suite, de tenir beaucoup de bétail ; il sera dans la bonne voie. Son expérience le guidera bientôt à l'application des cultures fourragères les plus avantageuses et les plus productives.

Quant à l'augmentation obligée du bétail, qui demanderait une mise de fonds plus grande, un nouveau capital, il est facile de l'obtenir sans bourse délier ; élever les veaux produits dans l'exploitation, cultiver avec des juments poulinières, les faire saillir chaque année, garder les poulains

ou les vendre à un an, pour acheter un cheval
prêt au travail si on en a besoin : tels sont les
moyens, pour les cultivateurs peu avancés, d'augmenter graduellement leur bétail en proportion
de l'augmentation de leurs fourrages, sans grande
dépense, ni mise de fonds extraordinaire.

Des prés naturels.

Les prés naturels sont une des richesses de l'a-
griculture. Là, point de culture, point de frais de
fumiers et de semence, récolte presque toujours
certaine ; enfin, fourrage plus substantiel, fournis-
sant plus pour l'alimentation sous un même volume, que toutes les autres productions fourragères. Malheureusement, c'est peut-être la partie du
sol la plus négligée, et celle qu'il faudrait le plus

soigner pour en obtenir de bons et abondants produits.

Nous avons dit point de culture ; et cependant, il faut épancher les taupinières, extirper les ronces, les épines et curer les fossés, les raies d'écoulement, irriguer à propos.

Point d'engrais, mais si l'on y répand l'hiver des fumiers, des engrais liquides, des balles ou paillettes, on double peut être la production. Les semences ou poussières de foin recueillies sur les greniers et répandues, au printemps, sur les prés, les resèmeront et leur donneront une végétation plus serrée et plus abondante. Tels sont les soins multipliés que bien peu de cultivateurs donnent aux prés naturels, et cependant ceux qui ne reculent pas devant ces quelques peines de plus, devant ces détails d'entretien, en sont largement récompensés par l'abondance et souvent la meilleure qualité des fourrages.

L'irrigation est une des améliorations les plus grandes que l'on puisse donner aux prés naturels. Partout où un mince filet d'eau peut arriver sur les terres les plus mauvaises, sur les sols les plus arides, vous pouvez créer des prairies, faire naître des productions herbacées et une riche végétation. C'est donc une importante étude à faire que l'irrigation des prés ; recueillir les eaux dans les parties les plus élevées ; égaliser le sol, établir des canaux, des rigoles d'écoulement, donner l'eau en temps convenable et ne pas laisser trop séjourner. Toutes ces opérations diverses, tous ces travaux seront facilement compris et exécutés par le cultivateur actif et intelligent, qui sera assez heureux pour pouvoir irriguer ses prés.

Dans les sols marécageux, dans les prés trop humides, souvent de simples fossés d'assainissement ont, en peu d'années, changé totalement la valeur des fourrages et substitué des graminées de bonne espèce aux laiches dures et aux joncs de marais.

Le parcours du bétail sur les prés, par des temps de pluie ou après les inondations, est une des plus grandes causes de détérioration des prairies ; il est à espérer qu'une loi viendra bientôt mettre un terme à cet abus, que les administrations communales pourraient déjà prévenir par de bons règlements de police rurale.

L'Allemagne sème des prés naturels dans ses assolements, qu'elle fait pâturer ou récolter pendant un certain nombre d'années ; puis, elle les remet en culture quand la rotation de l'assolement le demande. Les prés ainsi semés sont d'un très grand produit, les premières années, donnent ensuite de bonnes pâtures, et préparent bien la terre par le repos qu'elle lui donne, à la production des céréales et des plantes sarclées.

Les prés naturels ont quelquefois besoin d'être

détruits momentanément et cultivés en céréales, quand ils ont été détériorés par une cause quelconque, et surtout par un long épuisement, puis resemés et remis en prés, après quelques années de culture. Nous donnons ci-dessous les noms des principales semences de graminées qui peuvent servir à créer un pré ; on peut faire un choix dans le nombre, ou les semer toutes, selon la richesse du sol que l'on veut convertir en prairie. La quantité de semence peut varier de 60 à 120 kilog. par hectare. (Il ne faut jamais craindre de semer épais.)

		Par hectare.
1. Rais-gras anglais, perpétuel.	Lolium perenne.	25 k.
2. Dactyla pelotonné.	Dactylis glomerata.	10
3. Fléole des prés.	Pleleum pratense.	10
5. Fétuque ovine.	Festuca ovium.	5
5. Paturin commun.	Poa vulgaris.	5
6. Trèfle des prés.	Trifolium pratense	5
7. Avoine jaunâtre.	Avena flavescens	5
8. Brome des champs.	Bromus arvenia.	3
9. Flouve odorante.	Autoxantum odoratum.	5
10. Trèfle blanc.	Trifolium repens.	3
11. Brome des prés	Bromus pratensis.	5
12. Vulpin des prés.	Alopecurus pratensis.	3
13. Paturin des bois	Poa nemoralis.	3
14. Orge faux-seigle.	Herdoum pratense.	5
15. Chiendent.	Triticum repens.	5
16. Fromental.	Avena elatior.	5

A reporter 102

Report 102

17. Chicorée sauvage.	Chicarium intibus.	2
18. Agrostis d'Amérique.	Agrostis dispar.	5
19. Houque laineuse.	Holcus lanatus.	3
20. Fétuque dure.	Festuca duimicula.	3

Soit en moyenne un poids total de. . . . . 115 k.

L'ensemencement d'un pré, d'un herbage, demande plus que les céréales, peut-être, un sol exempt de toutes mauvaises herbes et bien préparé. Un ou deux coups de charrues avant l'hiver, un au mois d'avril, avec des hersages énergiques, sont nécessaires pour que le sol soit bien meuble ; puis les graines fourragères se sèment sur le dernier coup et se recouvrent par un demi-hersage avec des fagots d'épines ; si le terrain est sec, un coup de rouleau est toujours nécessaire pour raffermir le sol et l'empêcher de se hâler, la sécheresse étant ce qu'il y a de plus contraire à la reprise des graminées.

Prairies naturelles.

En France, le terrain occupé par les prairies naturelles est la propriété la plus lucrative et la plus assurée pour le revenu ; elle n'est pas comme les autres propriétés foncières, soumise à une grande éventualité atmosphérique. Car les herbages étant de diverses natures et mélangés ; ce qui peut nuire à l'un peut laisser du développement à ceux qui l'avoisinent.

On peut donc fixer le revenu net des bonnes prairies naturelles, bordant les rivières, à quatre et même cinq pour cent, et celles de seconde qualité à trois et quatre.

Elles sont absolument indispensables en France, pour l'alimentation des bestiaux des fermes, pendant la culture des terres et surtout pendant l'hiver ou la morte saison, ainsi que les jours de pluies qu'ils ne peuvent aller au pâturage.

Bien des agriculteurs ou des fermiers trouvent dans la récolte du foin, un produit considérable en le vendant pendant l'hiver, soit au commerce, soit à l'armée; on ne peut donc que les en louer, car, quand un cultivateur vend du fourrage, c'est qu'il en a assez pour l'alimentation des animaux de la ferme.

Nous estimons néanmoins, qu'à part quelques départements, les prairies sont très-négligées en France, puisque cette propriété donne déjà de bons produits, sans semence et presque sans travail; combien n'en donnerait-elle pas plus si elle était soignée et irriguée.

Bon nombre de courants d'eau, des rivières qui ne sont pas à fortes pentes ou torrentielles et qui traversent de belles prairies qu'elles n'ont jamais irriguées, existent en France. Ainsi que des ruisseaux qui n'ont jamais arrosés leurs bords que pendant l'hiver ou pendant les grandes pluies.

Une grande production en fourrage, en plus que celui qu'elle récolte annuellement, serait assurée à l'agriculture, si l'on créait partout où il serait reconnu nécessaire, des commissions syndicales, qui, après études préalables, feraient construire des barrages déversoirs à vannes, sur les points indiqués par M. l'ingénieur en chef du département, sous les ordres duquel les travaux seraient exécutés.

Ne perdons pas de vue que la grande production des fourrages est non-seulement une richesse pour l'agriculture, mais encore un grand bienfait pour

la population d'un pays, auquel elle assure de la
bonne viande pour l'alimentation de ses habitants
et cela à bon marché; on ne saurait craindre les
années de disette et de pénurie des céréales;
quand la viande de boucherie est à bas prix.

ALGÉRIE.

Nous avons parcouru les trois provinces de l'Algérie : il n'existe pas, ou presque pas, de prairies
naturelles dans chacune d'elles, pour l'alimentation des bestiaux (nous entendons par prairies
naturelles, les terrains bien débroussaillés, nivelés,
labourés et semés de diverses herbes). On fauche
des terrains en friche, remplis de broussailles et
de gros cailloux où la faux ne peut tenir que très-
peu de temps.

Le foin est très-gros et dur, il n'est en outre
composé principalement que de grandes herbes
qui ont une tendance à s'élever.

Il est évident que ce fourrage serait peu recher-
ché des animaux, s'il n'avait pas la saveur que lui
donne le climat du pays.

On peut créer de très-bonnes prairies en Algérie,
sur tous les plateaux de terrains traversés par les
rivières ou des ruisseaux provenant des barrages
déjà construits; elles seraient d'un grand produit;
le foin fauché vers les premiers jours de mai, serait

très-tendre et bon soit pour la consommation,
soit pour la vente.

⸺ ◆ ● ◆ ⸺

Prairies artificielles.

La luzerne, le trèfle, l'esparcette ou sainfoin,
sont spécialement appelés fourrages artificiels,
parce que l'art du cultivateur les produit pério-
diquement à de courts intervalles, tandis que les
prés naturels semblent venir d'eux-mêmes, sans
le travail ou la main de l'homme. Nous traiterons
des principales espèces usitées dans notre pays.

DE LA LUZERNE.

La luzerne est la reine des plantes fourragères ;
ce fourrage réunit tout, abondance de produits,
longue durée sur un même sol sans l'effriter, lais-

sant la terre en bon état après un demi-repos de six à huit ans, bon à donner vert ou sec, valant au moins une demi-fumure pour la céréale qui lui succède ; avantages sérieux.

1° Tout sol lui convient à peu près, pourvu qu'il ait du fond et que le sous-sol, bien ameubli par des labours profonds ou des défoncements, puisse être pénétré par les racines qui vont à deux ou trois mètres de profondeur chercher leur nourriture. Si le sol est froid et maigre, semez avec des fumiers chauds ou semez la luzerne sans la joindre à une céréale.

2° Semez sur trois coups de labour, dont le premier surtout, doit être donné avant l'hiver le plus profondément possible.

3° Semez épais vingt-cinq à quarante kilog. par hectare, afin que dans sa première pousse la luzerne étouffe toute autre plante.

4° Ne pas faucher la luzerne plus d'une fois la première année, et jamais après le quinze septembre ; les coupes trop tardives sont une des causes qui font le plus périr de jeunes luzernes par l'humidité des pluies d'hiver et des premiers froids ; humidité qui attaque et pourrit le collet de la plante que la faux a récemment déchiré.

5° Sarclez la luzerne les deux premières années et plâtrez-la tous les ans au printemps ; fauchez les diverses coupes quand la fleur n'est pas trop

avancée ; quand l'on fauche trop mûr le fourrage
est dur, le champ s'effrite davantage, et les coupes suivantes s'en ressentent.

6° Ne laissez jamais pâturer la luzerne par le
bétail dont la dent arrache, dont le pied brise, et
fait éclater le collet de la plante ; ce qui, avec les
coupes tardives, l'expose à pourrir par les pluies
et gelées d'automne, la principale cause de la
non réussite de beaucoup de cultures de cette
plante.

Nous nous bornons à ces aperçus généraux ;
laissant au cultivateur la libre volonté d'y apporter d'autres soins, tels que fumure d'hiver, etc.,
qui ne peuvent que la fortifier.

DU SAINFOIN OU ESPARCETTE.

Cet excellent fourrage demande les mêmes pré-
parations que la luzerne ; seulement il est moins
abondant et ne donne qu'une ou deux coupes,
mais, moins exigeant que la luzerne, il s'accommode de tous les sols, pourvu qu'ils ne soient
pas trop humides ; les pierrailles, les terres grave-
leuses et froides lui conviennent ; mais il faut
toujours recommander le premier labour ou le dé-
foncement profond et semer très-épais ; dix-huit à
vingt doubles décalitres de graines sont nécessaires

par hectare, car si la terre n'est pas bien couverte dès la première année par des tiges drues et serrées, le fourrage est bientôt détruit par les sécheresses ou envahi par les mauvaises herbes. Le sainfoin peut durer autant que la luzerne. Le plâtrage lui réussit, fait de bonne heure, et sur un sol pas trop brûlant. Le grand avantage du sainfoin, qui peut donner de quatre à cinq mille kilogrammes de bon fourrage sec, par coupe et par hectare, c'est d'utiliser, pendant cinq à six ans, sans nouveau travail, des champs souvent peu propres aux céréales, tout en rendant autant que la plupart des prairies naturelles, pour lesquelles vous donnez un prix double ou triple de fermage.

DU TRÈFLE.

Le trèfle que l'on repoussait il y a moins de cinquante ans, et qui cependant s'est généralement établi, malgré les préventions, est encore un bon et abondant fourrage, qui se sème très-bien dans une céréale ; mais il est plus effritant que la luzerne, et ne dure qu'un ou deux ans. Cependant on a de beaux blés après les trèfles, surtout si l'on a soin de retourner la dernière coupe en vert au lieu de la récolter sur l'arrière-saison et de fumer convenablement. Le trèfle est plus exi-

geant que la luzerne et demande un sol riche et
frais ; le plâtrage lui est, pour ainsi dire, indispensable.

TRÈFLE PRINTANIER (INCARNAT OU FAROUCK).

Ce trèfle est excellent pour la nourriture des
animaux ; comme il se récolte généralement au
printemps, chaque ferme a intérêt à en posséder
une certaine étendue pour parer quelquefois à
la rareté du fourrage après de longs hivers ;
ce sont les premiers herbages verts qui se puissent donner aux animaux.

DE LA PESETTE OU DE LA VESCE.

Fort bonne nourriture annuelle, qui a l'avantage
de venir à peu près partout et de se récolter quatre
à cinq mois après sa semaille ; ressource pour
ceux qui n'ont point de prés ; on peut faucher la
pesette pour la donner en vert, avant qu'elle ne
soit en pleine fleur. Pour la récolter en fourrage
sec, il ne faut pas attendre que les gousses se
forment ; alors elle est nourrissante sans être trop
dure et échauffante pour le bétail ; il faut douze
doubles décalitres de semence par hectare.

Tous ces fourrages artificiels sont avantageux à faire consommer en vert ; s'ils étaient donnés seuls l'hiver, ils seraient échauffants, mais donnés avec des racines, dans la proportion de moitié ou des deux tiers de la ration, toujours en calculant les racines comme valant moitié de leurs poids, de fourrage sec, c'est un excellent régime pour le bétail.

DU SEIGLE. — DU SEIGLE MULTICAULE.

Le seigle peut donner du fourrage en vert ou séché, surtout quand il a été semé de bonne heure, il faut le faucher quand il a quarante à cinquante centimètres de hauteur, et que l'épi va paraître ; on peut le laisser produire graine, la récolte n'en sera que peu diminuée en le fauchant plus tard. (Le seigle multicaule qui est vivace ou bisannuel est une variété que l'on devrait essayer dans notre pays). On le fauche en fourrage une ou deux fois la première année ; on le récolte la seconde ; le grain en est petit, mais donne beaucoup de farine ; c'est un essai dont il faudrait constater les résultats positifs.

Racines fourragères.

Les racines fourragères sarclées sont ainsi nommées parce qu'elles servent à l'alimentation du bétail, et remplacent les fourrages dans une certaine proportion. Les principales sont :

DE LA POMME DE TERRE.

Cette plante, vulgairement nommée pomme de terre, en France, et que par reconnaissance, quelques personnes nomment encore *Parmentière*, du nom de son importateur, qui fit de si louables efforts pour en généraliser l'usage, parait originaire de l'Amérique ; ce n'est réellement qu'à la fin du XVIIe siècle que ce tubercule se multiplia et qu'il fut en grande production en France (1685).

L'introduction de la pomme de terre, *le pain du pauvre*, et qui est si recherchée par les riches, doit être considérée comme un grand bienfait de la providence ; c'est un préservatif presque assuré contre les disettes ; car sa récolte est bien moins chanceuse que celle des céréales, puis qu'elle craint peu les sécheresses et les pluies et qu'elle ne redoute que peu les effets de la grêle.

Elle fournit une quantité très-considérable d'une excellente nourriture pour tous les animaux domestiques, ce qui permet ainsi d'en augmenter le nombre et par suite, plus grande abondance d'engrais.

CONSERVATION DE LA POMME DE TERRE.

La meilleure manière de conserver les pommes de terre est d'abord de les arracher à leur point de maturité, autant que possible par un temps sec, de les laisser haler sur le champ, et de les rentrer ensuite dans une cave ou à défaut dans un silo. Les cultivateurs connaissent tous pour ainsi dire, la manière de les faire. A la cave, on doit tenir les pommes de terre en complète obscurité, les changer quelquefois de place, s'il est possible, ou les remuer souvent avec une pelle de bois pour les empêcher de germer ; dans quelques pays on les conserve dans des tonneaux hermétiquement fermés et tenus à l'abri de la gelée. Il a été employé un procédé très-simple pour les conserver mangeables jusqu'à la récolte de l'année suivante, et il **a** toujours **réussi**; il consiste à dégermer les **pommes de terre** à la cave, en avril, et à les étendre ensuite dans un grenier bien aéré, pour ne les toucher que lorsque l'on veut les prendre pour les consommer.

Les pommes de terre font un très-grand déchet, pendant l'hiver, il a été constaté que ce déchet allait souvent jusqu'à huit ou dix pour cent.

Ce tubercule, comme plante destinée à la nourriture de l'homme, doit être mise au premier rang; on compte généralement que deux kilog. et demi à trois kilog. de pommes de terre équivalent à un kilog. de blé, et qu'une étendue donnée de pommes de terre, nourrira quatre fois autant d'individus, qu'une pareille surface cultivée en froment. Sa supériorité, pour la nourriture de l'homme, est donc incontestable ; un fait considéré comme certain, aujourd'hui, c'est que ce tubercule nous à mis pour toujours à l'abri de la disette.

Il serait superflu d'entrer dans le détail des différentes manières de les apprêter : cuites sous la cendre et sans aucun assaisonnement, elles peuvent être d'un grand secours pour les pauvres.

DE LA BETTERAVE.

C'est une des racines fourragères qui donne le

plus de produits et se joint avec succès aux fourrages secs. Il ne faudrait pas cependant dépasser
la moitié de la ration journalière ; dix kilog. de
racines répondront, à peu près, à cinq kilog. de
fourrages secs.

DE LA CAROTTE.

La carotte est une des meilleures racines à donner au bétail, et surtout aux chevaux ; son rendement est moindre que celui des betteraves, mais
elle est plus nourrissante, moins aqueuse, se garde
plus longtemps et n'épuise pas trop le sol ; elle
réussit mieux dans un sol frais et profond. On ne
saurait trop préconiser les carottes dans les cultures pour l'alimentation des bestiaux, pendant l'hiver.

DES RAVES ET DES NAVETS.

Semés sur labour, après une récolte printan-
nière, ils donnent de bons produits, surtout en
culture dérobée.

Ces plantes aiment aussi un sol frais et profond.

Graines légumineuses.

DU BLÉ DE TURQUIE OU MAÏS.

Le blé de Turquie (surnommé maïs), est aussi d'un grand secours à l'homme pendant la cherté des céréales : il entre pour beaucoup dans l'alimentation des ouvriers agricoles, dans certaines provinces de la France. Réduit en farine, cuit au lait ou au beurre, c'est une excellente nourriture.

Il est aussi d'une grande ressource pour engraisser porcs, ou volailles, etc.

Cette plante préfère les terrains chauds, graveleux ou argileux ; néanmoins, elle vient à peu près partout, et donne d'abondants produits.

DU BLÉ NOIR OU SARRASIN.

Cette plante (espèce de renouée), que l'on nomme sarrasin, et qui porte des petites graines noires et anguleuses se sème tard et peut venir en double récolte, après le chanvre, la navette, le colza et le seigle, lorsque la terre est assez fertile.

Elle entre peu dans la consommation de l'homme, car on ne l'utilise guère ainsi que dans les années de cherté des subsistances ; mais c'est une graine très précieuse pour l'engraissage des bœufs, des moutons et surtout des porcs.

DES POIS.

Le pois est un légume qui vient dans une gousse, ou cosse.

Il y en a de plusieurs espèces : pois ronds, pois carrés, pois pointus, etc., etc.

C'est un excellent légume pour la table, cuits dans la soupe au maigre, et mieux encore au gras ; c'est un bon potage.

On en donne aussi aux animaux pour les engraisser et, dans ce cas, ils engraissent rapidement.

Cette plante demande à être semée dans des terrains friables, pas trop froids et de bonne qualité.

Dans ces conditions, on a de superbes récoltes, mais les anciens cultivateurs recommandent pour semer, l'observation de l'état de la lune : qu'elle soit dans son plein ou à peu près. Autrement, ils fleurissent sans cesse au bout de la tige et la plante souffre énormément de cet état de choses.

DES FÈVES.

La fève est une plante de la famille des légumineuses, qui produit des semences alimentaires ; elle croit dans des gousses oblongues et un peu comprimées ; les gousses sont laineuses intérieurement.

La minoterie en fait entrer une certaine quantité dans les farines, quand le blé est cher.

Comme les pois, on la fait cuire soit au maigre, soit au gras ; elle donne en potage une purée excellente.

Elle est également recherchée pour l'engraissage des bestiaux, soit grucelée, soit entière. On la donne avantageusement aux chevaux, aux bœufs et surtout aux porcs, pour les presser à la vente de la charcuterie.

La fève préfère les terrains fermes et solides, aux terres légères, pour être semée ; la chute de ses feuilles, au moment de sa maturité, engraisse considérablement le terrain ; enfin, il est très rare que l'on n'ait pas un bon blé après avoir récolté les fèves, si l'on fume un peu et si le champ de fèves était bien fourni.

DES HARICOTS.

Les haricots sont aussi une plante alimentaire, de grande ressource pour la nourriture des populations campagnardes, quand le pain est cher.

Il y en a de plusieurs espèces :

Cuits à l'eau même, ils peuvent servir de nourriture à l'homme, s'ils sont assaisonnés d'un peu de sel.

Comme les pommes de terre, les haricots peuvent prévenir la famine en cas de disette des céréales.

On les fait cuire au maigre ou au gras, et dans l'un ou l'autre cas, ils sont de bonne alimentation.

Sur la table des grands, comme sur celle du pauvre, on peut remarquer des haricots accommodés de différentes manières.

Cette plante réclame, pour être semée, un terrain chaud et fertile. Les terrains calcaires sont préférables à tous autres; car, le grain sera plus exempt de taches qui lui sont généralement familières dans les terrains solides, marneux et tourbeux ; du reste, la maturité ayant lieu plus tôt et la récolte se faisant encore par les chaleurs, la préserve de cet inconvénient.

DES LENTILLES.

Cette plante légumineuse, dont la graine est petite, plate, ronde, amincie sur les bords et de couleur roussâtre, est employée comme aliment.

On l'assaisonne comme les pois et les haricots.

Elle est très appréciée dans les cuisines et s'accommode également au maigre ou au gras.

Enfin, elle est moins exigeante que les autres légumineux, sur le choix du terrain pour l'ensemencer.

Elle vient à peu près partout; néanmoins, elle préfère les terrains chauds, calcaires et argileux, aux terrains fermes; mais on peut également la semer dans les sables chauds et les arbües légères.

QUATRIÈME PARTIE.

DE L'INSTITUTION

DES

CONSEILS DE PRUD'HOMMES

AGRICOLES.

Il s'agirait de créer cette juridiction, qui serait confiée à des hommes possédant les connaissances usuelles nécessaires pour décider entre les propriétaires, fermiers, ouvriers et bergers. Les magistrats des tribunaux ordinaires sont souvent étrangers aux travaux des champs, et ne peuvent, dans tous les cas, prononcer qu'avec l'escorte des officiers ministériels et des frais plus ou moins considérables.

Les Conseils de prud'hommes agricoles sont appelés à inaugurer le règne de la fraternité parmi les cultivateurs ; ces fonctions exigent des connaissances que les cultivateurs ou les propriétaires ruraux peuvent seuls réunir. Elles exigent aussi avec la sévérité du magistrat, une sorte de bonté paternelle qui tempère l'austérité du juge, permette quelquefois l'indulgence, appelle sans cesse la confiance et aide toujours à la soumission.

L'institution de cette espèce de tribunal de famille est destinée à rendre les plus grands services dans les communes rurales.

Puisque d'après les documents les plus authentiques et les plus sérieux, vingt millions de Français, au moins, s'occupent d'agriculture ou y prennent une part quelconque, c'est donc plus de la moitié de la population de notre pays et par suite l'art le plus important et le plus considérable en France.

Pour toutes les autres industries, forges, hauts-fourneaux, mines, maçonnerie, charpenterie, carosserie, peinture, boulangerie, ferblanterie, cordonnerie, imprimerie, fabriques de chaussures, etc., etc, on a déjà créé des conseils de prud'hommes, pour régler les différends entre patrons et ouvriers, qui rendent d'immenses services sans grands frais, et font disparaître des contestations entre l'un et l'autre ; ils sont donc d'une utilité incontestable et pour ainsi dire indispensable, car ils règlent des questions qui paraissent insolubles à celui qui est étranger à la partie.

L'industrie agricole ressent le même besoin et réclame, dans son intérêt, une institution analogue.

Les différends entre maîtres et valets de ferme, les anticipations de terrains de voisins à voisins, les dommages causés pour effritement de propriétés et enfin bon nombre de contestations pourraient être portées devant ces conseils amiables et *sans frais*. Si l'on créait dans chaque canton et plus tard dans chaque commune importante en agriculture, un de ces conseils dont les membres seraient élus par les intéressés, qui en première juridiction tenterait la conciliation entre les parties adverses et s'il était impuissant se prononcerait déjà, tout en donnant le permis de citer devant la justice-de-paix du canton, qui sans aucun doute confirmerait sa décision.

Un pareil procédé arrêterait évidemment bon nombre de ces plaideurs par tempérament, de ces chicaniers (avocats de village) qui portent de gaieté de cœur, le trouble parmi les paisibles habitants des campagnes. Une fois atteints par cette première juridiction, ils seraient gravement menacés d'être également frappés en seconde, et leur prestige s'évanouissant, rendrait la tranquillité, la paix et l'union parmi les populations agricoles.

Nous ne voulons pas méconnaître les services déjà rendus à l'agriculture par les appels en conciliation devant le juge-de-paix du canton, car ils ont bien évité des frais et des démarches aux paysans et rallié des familles sur le point de se séparer pour longtemps, à cause d'une querelle quelquefois insignifiante en principe, car on le sait, l'homme des champs est très-susceptible et a l'amour propre exagéré, quand son intérêt est en jeu ou qu'il est menacé d'être compromis.

Toutes ces diverses contestations portées d'abord devant M. le juge-de-paix du canton, placent quelquefois ce magistrat daus un grand embarras pour se prononcer, bien qu'il possède la science du droit et de l'usage, et qu'il connaisse la bonne foi des parties.

Enfin, ne passons pas sous silence ces procès de longue haleine et de trop de durée, provoqués quelquefois pour des motifs insignifiants, deux ou trois ares de terrain, qui ont occasionné de grandes dépenses et de nombreux déplacements sans pouvoir aboutir à autre chose devant la cour qu'à un renvoi devant des citoyens de la localité après appel, pour arriver à une transaction proposée par deux experts du pays ; bien que des frais importants en aient été déjà la conséquence et des inimitiés engendrées.

Le projet proposé par des hommes compétents est ainsi conçu :

PROJET DE DÉCRET.

TITRE I.

Institution et nomination des prud'hommes.

Art. 1er. — Il est établi dans toutes les communes de l'Algérie, un conseil de prud'hommes agricoles, composé de neuf membres dont trois propriétaires, trois fermiers et trois ouvriers ou domestiques.

Art. 2. — Les membres des conseils de prud'hommes agricoles sont élus par les propriétaires, fermiers, ouvriers ou domestiques, âgés de vingt-cinq ans accomplis et domiciliés depuis un an dans la circonscription du conseil.

Art. 3. — Les conseils nomment chaque année leur Président et leur Vice-Président, toutefois la présidence et la vice-présidence seront alternativement déférées à un propriétaire, à un fermier et à un ouvrier, sans que le président et le vice-président puissent être pris dans la même catégorie. La présidence donnera voix prépondérante.

Art. 4. — Sont éligibles les électeurs âgés de trente ans accomplis et sachant lire et écrire.

Art. 5. — Ne peuvent être ni éligibles ni électeurs, les étrangers, les faillis non réhabilités, toute personne enfin qui aurait subi une condamnation pour un acte contraire à la probité.

Art. 6. — Dans chaque commune, le Maire, assisté de trois assesseurs qu'il choisit l'un parmi les propriétaires, le second parmi les fermiers et le troisième parmi les ouvriers ou domestiques, forme le tableau des électeurs. Le Maire est aussi chargé de convoquer les électeurs, la convocation doit avoir lieu au moins huit jours avant l'élection, par des affiches et une lettre d'avis adressée à chaque électeur.

Art. 7. — En cas de réclamation, le recours est ouvert devant les tribunaux civils.

Art. 8. — Les propriétaires, réunis en assemblée particulière, nomment directement les prud'hommes propriétaires.

Les fermiers, également réunis en assemblée particulière, nomment les prud'hommes fermiers.

Les ouvriers ou domestiques, réunis de la même manière, nomment les prud'hommes ouvriers ou domestiques.

Il est procédé par scrutin de liste et l'élection est valable quel que soit le nombre des votants.

Au premier tour de scrutin, la majorité absolue des suffrages est nécessaire ; la majorité relative suffit au second tour ; en cas d'égalité de suffrages, le plus âgé sera préféré. Si ces opérations n'ont donné lieu à aucune protestation, le Président de chaque assemblée proclamera prud'hommes ceux qui auront été élus. En cas de protestation, le Conseil municipal statuera dans le délai de huit jours sur le vu du procès-verbal et des pièces à l'appui. L'élection terminée, il sera dressé procès-verbal qui sera déposé à la municipalité.

Art. 9. — Les conseils de prud'hommes sont renouvelés par tiers tous les ans, le premier jour du mois de janvier. Le sort désigne ceux des prud'hommes qui sont remplacés la première et la seconde fois.

Les prud'hommes sont rééligibles.

Tout membre élu en remplacement d'un autre, ne demeure en fonctions que pendant la durée du mandat confié à son prédécesseur.

TITRE II.

De la composition des conseils et du jugement des contestations.

Art. 10. — Le conseil sera composé, indépendamment du Président et du Vice-Président, d'un nombre égal de prud'hommes pris dans les catégories des parties en contestation.

Ce nombre est au moins de deux prud'hommes de chaque catégorie.

Art. 11. — Les jugements des conseils de prud'hommes sont signés par le Président ou le Vice-Président, et contresignés par le secrétaire-greffier ; ils seront signifiés à la partie condamnée par le garde-champêtre.

Art. 12. — Les jugements des conseils de prud'hommes sont définitifs et sans appel, lorsque le chiffre de la demande n'excède pas deux cents francs en capital.

Au-dessus de deux cents francs, les jugements sont sujets à l'appel devant le tribunal civil de l'arrondissement.

L'appel doit être interjeté au plus tard dans les dix jours de la signification du jugement.

Art. 13. — Lorsque le chiffre de la demande excède deux cents francs, le jugement de condamnation peut ordonner l'exécution immédiate et à titre de provision jusqu'à concurrence de cette somme, sans qu'il soit besoin de fournir caution.

Art. 14. — Les jugements par défaut qui n'ont pas été exécutés dans le délai de six mois sont réputés non avenus.

Art. 15. — Les conseils de prud'hommes agricoles sont principalement institués pour terminer par la voie de conciliation les différends qui s'élèvent entre propriétaires, fermiers et cultivateurs, quelle que soit leur nationalité. Lorsque la voie de la conciliation aura été sans effet, les conseils statueront sans frais de procédure et sans autre forme que les jugements dont le greffier gardera minute par ordre chronologique.

Art. 16. — A cet effet, il sera tenu tous les dimanches, depuis onze heures du matin jusqu'à une heure, une audience de conciliation ou de jugement.

En cas d'urgence, le président ou le vice-président pourront autoriser une audience extraordinaire pour laquelle les convocations seront faites par le greffier et remises par le garde-champêtre.

Art. 17. — Les fonctions des prud'hommes agricoles sont purement gratuites. Tout membre d'un conseil de prud'hommes qui, sans motifs légitimes, ne ferait pas le service auquel il serait appelé sera considéré comme démissionnaire après une mise en demeure constatée par procès-verbal du Président.

Art. 18. — Il ne pourra être réclamé aux parties aucun frais, même pour les expéditions des jugements délivrés par le secrétaire-greffier.

La procédure, les jugements et les grosses ou expéditions seront sur papier libre.

Le garde-champêtre remplira gratuitement les fonctions d'huissier.

Les citations contiendront la date des jour, mois et an, les noms et profession du demandeur et du défendeur, elles énonceront sommairement les motifs de la demande.

Art. 19. — En cas de plainte en prévarication, portée contre un membre des conseils de prud'hommes agricoles, il sera procédé contre lui suivant la forme établie à l'égard des juges.

TITRE III.

Du bureau des prud'hommes.

Art. 20. — Tout propriétaire, fermier, ouvrier ou domestique cité devant les prud'hommes, sera tenu de s'y rendre en personne au jour et à l'heure fixée, sans pouvoir se faire remplacer, hors le cas d'absence ou de maladie ; alors seulement il sera admis à se faire représenter par un de ses parents, un propriétaire, fermier, ouvrier ou domestique de la localité, porteur de sa procuration.

Aucune défense ne pourra être signifiée.

Art. 21. — Tout particulier qui sera appelé au bureau des Prud'hommes sera cité par le garde-champêtre de la commune, au moins vingt-quatre heures à l'avance et dans le cas où il ne comparaîtrait pas, il sera passé outre au jugement.

Art. 22. — Les jugements seront mis à exécution vingt-quatre heures après la signification, sauf le cas où l'appel est suspensif. Dans les cas urgents, les conseils pourront ordonner telles mesures qui seront jugées nécessaires pour empêcher que les objets qui donnent lieu à une réclamation ne soient enlevés, déplacés ou détériorés.

TITRE IV.

De la tenue du Conseil.

Art. 23. — Le Conseil des prud'hommes tiendra ses séances à la mairie.

Art. 24. — Les dépenses du Conseil des prud'hommes agricoles seront à la charge de la commune.

Art. 25. — Les parties seront tenues de s'expliquer avec modération et de se conduire avec respect ; si elles ne le font point, elles seront d'abord rappelées à leurs devoirs par un avertissement du Président ; en cas de récidive, le Conseil pourra les condamner à une amende qui n'excédera pas dix francs, avec affiche du jugement dans la commune.

Les amendes seront recouvrées pour le compte de la commune et lui appartiendront.

Art. 26. — Dans le cas d'insulte ou d'irrévérence grave, le Conseil en dressera procès-verbal et pourra condamner celui qui s'en sera rendu coupable à un emprisonnement dont la durée ne pourra excéder trois jours.

Art. 27. — Les jugements, dans le cas de l'article précédent, pourront être frappés d'appel devant le tribunal civil de l'arrondissement ; l'appel signifié au Procureur de la République dans les dix jours au plus tard suspendra l'exécution.

Art. 28. — Lorsque l'une des parties déclarera vouloir s'inscrire en faux, déniera ou déclarera ne pas la reconnaître, le Président lui en donnera acte ; il parafera la pièce et renverra la cause devant le tribunal civil de l'arrondissement qui sera saisi du litige à la requête de la partie la plus diligente.

TITRE V.

Des oppositions aux jugements par défaut.

Art. 29. — La partie condamnée par défaut [pourra former opposition dans les trois jours de la signification faite par le garde-champêtre. Cette opposition contiendra sommairement les moyens de la partie et assignation au premier jour de séance du Conseil des prud'hommes, en observant toutefois le délai de vingt-quatre heures prescrit pour les citations, elle indiquera en même temps les jour et heure de la comparution et sera notifiée ainsi qu'il est dit ci-dessus.

Art. 30. — Si le Conseil de prud'hommes sait par lui-même ou par les représentations qui lui seront faites par les proches voisins ou amis du défenseur, que celui-ci n'a pu être instruit de la contestation, il pourra, en adjugeant le défaut, fixer pour le délai de l'opposition le temps qui lui paraîtra convenable ; et dans le cas où la prorogation n'aurait été ni accordée d'office, ni demandée, le défaillant pourra être relevé de la rigueur du délai et admis à l'opposition en justifiant qu'à raison d'absence ou de maladie grave, il n'a pu être instruit de la contestation.

Art. 31. — La partie opposante qui se laisserait juger une seconde fois par défaut, ne sera plus admise à former une nouvelle opposition.

TITRE VI.

Des jugements qui ne sont pas définitifs et de leur exécution.

Art. 32. — Les jugements qui ne sont pas définitifs ne seront pas expédiés quand ils auront été rendus contradictoirement et prononcés en présence des parties.

Dans le cas où le jugement ordonnerait une opération à laquelle les parties devraient assister, il indiquera le lieu, le jour et l'heure et la prononciation vaudra citation.

Art. 33. — Toutes les fois qu'un ou plusieurs prud'hommes jugeront devoir se transporter dans une ferme ou propriété pour apprécier par leurs propres yeux, l'exactitude de quelques faits qui auraient été allégués, ils seront accompagnés du secrétaire greffier qui apportera la minute du jugement préparatoire.

Art. 34. — Il n'y aura lieu à l'appel des jugements préparatoires qu'après le jugement définitif et conjointement avec l'appel de ce jugement, mais l'exécution des jugements préparatoires ne portera aucun préjudice aux droits des parties sur l'appel, sans qu'elles soient obligées de faire à cet égard aucune protestation ni réserve.

TITRE VII.

Des enquêtes

Art. 35. — Si les parties sont contraires en faits de nature à être constatés par témoins, et dont le conseil de prud'hommes trouve la vérification utile et admissible, il ordonnera la preuve et en fixera précisément l'objet.

Les témoins seront assignés par le garde-champêtre. Ils pourront être appelés d'heure à heure et n'auront droit à aucune taxe.

Art. 36. — Au jour indiqué, les témoins, après avoir dit leur nom, profession, âge et demeure, feront le serment de dire la vérité et déclareront s'ils sont parents ou alliés des parties et à quel degré, et enfin s'ils sont leurs serviteurs ou domestiques.

Art. 37. — Ils seront entendus séparément, hors comme en la présence des parties, ainsi que le conseil l'avisera ; les parties seront tenues de fournir leurs reproches avant la déposition et de les signer, si elles ne le savent ou ne le peuvent, il en sera fait mention.

Art. 38. — Les parties n'interrompront point les témoins ; après la déposition, le président du conseil des prud'hommes pourra sur la réquisition des parties, et même d'office, faire aux témoins les interpellations qu'il jugera convenables.

Art. 39. — Dans les causes sujettes à l'appel, le secrétaire du conseil dressera procès-verbal de l'audition des témoins : cet acte contiendra leurs noms, prénoms, âge, profession et demeure, leur serment de dire la vérité, leur déclaration s'ils sont parents, alliés, serviteurs ou domestiques des parties et les reproches qui auraient été fournis contre eux. Lecture de ce procès-verbal sera faite à chaque témoin, pour la partie qui le concerne, il signera sa déposition ou mention sera faite qu'il ne sait ou ne peut signer. Le procès-verbal sera, en outre, signé par le président du conseil et contre-signé par le secrétaire. Il sera procédé immédiatement au jugement, ou, au plus tard, à la première séance.

Art. 40. — Dans les causes de nature à être jugées en dernier ressort, il ne sera point dressé de procès-verbal ; mais le jugement énoncera les noms, âge, profession et demeure des témoins, leur serment, leur déclaration s'ils sont parents, alliés, serviteurs ou domestiques des parties, les reproches et le résultat des dépositions.

TITRE VIII.

De la récusation des prud'hommes.

Art. 41. — Un ou plusieurs prud'hommes peuvent être récusés :

1o Quand ils auront un intérêt personnel dans la contestation ;

2o Quand ils seront parents ou alliés de l'une des parties, jusqu'au degré de cousin germain inclusivement ;

3º Si, dans l'année qui a précédé la récusation, il y a eu procès criminel entre eux et l'une des parties ou son conjoint, ou ses parents et alliés en ligne directe ;

4º S'il y a procès civil existant entre eux et l'une des parties ou son conjoint ;

5º S'ils ont donné un avis écrit dans l'affaire.

Art. 42. — La partie qui voudra récuser un ou plusieurs prud'hommes sera tenue de former la récusation et d'en exposer les motifs par un acte qu'elle fera signifier au secrétaire du conseil par le garde-champêtre. L'exploit sera signé sur l'original et la copie, par elle ou son fondé de pouvoir. La copie sera déposée sur le bureau du conseil et communiquée immédiatement au prud'homme qui sera récusé.

Art. 43. — Le prud'homme sera tenu de donner au bas de cet acte, dans le délai de deux jours, sa déclaration par écrit, portant ou son acquiescement à la récusation, ou son refus de s'abstenir, avec ses réponses aux moyens de récusation.

Art. 44. — Dans les trois jours de la réponse du prud'homme qui refuse de s'abstenir, ou faute par lui de répondre, une expédition de l'acte de récusation et de la déclaration du prud'homme, s'il y en a, sera envoyée par le président du conseil au président du tribunal civil dans le ressort duquel le conseil est situé. La récusation y sera jugée en dernier ressort dans la huitaine, sans qu'il soit besoin d'appeler les parties.

TITRE IX.

Dispositions particulières.

Art. 45. — Les prud'hommes peuvent être jurés ; ils ne sont pas dispensés du service de la garde nationale.

Ils ne porteront aucun signe distinctif, même dans l'exercice de leurs fonctions.

Art. 46. — Les tribunaux ordinaires continueront à connaître des contestations entre propriétaires, quelque modique que soit l'objet de ces contestations.

Art. 47. — Le déclinatoire peut être proposé devant les prud'hommes dans le cas où le défendeur les considère comme incompétents ; et le conseil doit, même d'office, prononcer le renvoi devant les juges appelés à connaître du litige.

Art. 48. — Quand il s'agira d'une somme inférieure à cent francs, la demande d'un enfant mineur sans tuteur ou d'une ouvrière abandonnée par son mari, pourra être reçue sans exiger la nomination d'un tuteur ou l'autorisation maritale.

Art. 49. — Dans les cas où les parties sont autorisées à se faire représenter, les prud'hommes pourront accepter une procuration sur papier libre et même une procuration verbale.

Art. 50. — Le garde-champêtre pourra toujous instrumenter même pour et contre ses parents ; le secrétaire devra être remplacé par une personne désignée par le président du conseil, en cas où un de ses parents jusqu'au degré de cousin-germain inclusivement, serait en cause.

Art. 51. — Si plusieurs parties sont assignées, il sera statué contradictoirement vis-à-vis des parties présentes, et par défaut contre les parties défaillantes, sans qu'il soit nécessaire de les réassigner au préalable.

Art. 52. — Les prud'hommes ne pourront ordonner aucune vérification par un expert étranger au conseil.

Art. 53. — Lorsqu'une partie devra ou voudra fournir caution, le conseil pourra admettre une caution personnelle, pourvu qu'elle soit solvable.

Art. 54. — Il n'y aura pas de ministère public près le conseil des prud'hommes ; les officiers de police ordinaire ne pourront assister aux séances que comme les autres habitants de la commune.

Art. 55. — Le conseil des prud'hommes ne pourra jamais ordonner le huis clos des débats dans les affaires qui lui seront soumises.

Ainsi qu'elle vient d'être énumérée, cette loi serait réellement d'une salutaire influence parmi les populations des campagnes.

Qu'il nous soit permis d'ajouter que la plupart

des cultivateurs l'accepterait comme un grand bienfait de l'administration supérieure.

Jusqu'à présent qu'avons-nous vu en France et surtout en Algérie ?

Des hommes quelquefois importants par leurs noms et leurs situations se lancer aveuglément dans l'agriculture, pour essayer de rétablir des fortunes anéanties, ou près de l'être, espérant que le hasard ou cette diversion leur rendra cette jouissance passée ou tout au moins une grande estime des efforts qu'ils auront tentés pour y parvenir. Mais la science agricole exige des connaissances particulières, comme toutes les autres industries, qui avec des soins assidus, constants, et une grande activité peuvent donner quelques chances de réussite.

Aussi, selon nous, si l'on est théoricien il faut essayer de la pratique avant que de se croire maître en agriculture et si l'on est praticien il est bon de chercher à connaître la théorie pour la joindre à la pratique ; car c'est absolument dans ces deux cas, scrupuleusement observés et parfaitement appliqués qu'on peut espérer des succès dans l'art que nous nous efforçons de préconiser.

Tous les hommes infatigables et dévoués entièrement à l'agriculture forment des vœux ardents pour que nos législateurs dotent le pays de cette loi si utile à bien des points de vue.

L'Algérie est un pays qui s'offre de lui-même pour en faire la première application : en effet, ici pas de préjugés ni d'anciennes coutumes à combattre, tout est naissant en agriculture.

Il est donc certain qu'un agronome, un fonctionnaire ou un gouverneur qui inaugurerait cette précieuse innovation, mériterait l'éternelle reconnaissance du pays, et que son nom serait conservé religieusement dans l'avenir.

TABLE DES MATIÈRES.

PREMIÈRE PARTIE

SCIENCE AGRICOLE.

DEUXIÈME PARTIE

DES BESTIAUX.

TROISIÈME PARTIE

DES FOURRAGES.

QUATRIÈME PARTIE

DE L'INSTITUTION DES CONSEILS DE PRUD'HOMMES AGRICOLES.